Gakken

きめる！ KIMERU SERIES

BG

［ きめる！共通テスト ］

地学基礎
Basic Geoscience

著＝田島一成（河合塾）　監修＝岡口雅子（河合塾）

introduction
はじめに

　地学とは，地球科学（Geoscience／Earth Science）の略で，地球をさまざまな視点から学んでいく教科です。学校に行く途中，まわりに目を向けてください。足元を見れば石ころが，空に目を向けるとまばゆい太陽や白い雲が，もしかしたら雨や雪が降っているかもしれません。そして晴れた日の夜空を見上げれば，都会でも月や星が見えるでしょう。これらを学ぶのが地学です。

　地学基礎では，地震などの地球内部で起こっている現象からスタートし，岩石・地層や恐竜の時代などの地球の歴史をあつかう地球表面の現象，そして大気中で起こる天気の変化，さらに太陽をはじめとした地球を取り巻く数多くの天体をあつかう宇宙へと学ぶ範囲を広げていきます。

　私たちの身のまわりで起きている地球温暖化などの環境問題や，地震，火山噴火，台風などの自然災害についても，地学基礎では学んでいきますよ。

　本書は，地学を初めて学ぶ人，理科が不得意な人でも読みやすいように，写真や図・表を多く使って，目で見てわかる地学の本になっています。「地学基礎は暗記科目だから，どんどん用語などを覚えていきさえすれば，共通テストで高得点がとれるよ」と思っていませんか？　用語や現象を暗記するのであっても，それに理由がともなわないと時間がたつと忘れてしまったり，ちょっとした応用問題になるととたんに解けなくなってしまったりするものです。本書では，それを解決するために地学現象が起きる理由や，受験生が悩む疑問についてもしっかりと答えられるようにつくりました。

　本書を使って，テーマごとに地学の重要な用語を覚え，地学の現象を理解して，頭の中にある知識の引き出しを満たしていきましょう（input）。その後，各テーマの終わりにある共通テストレベルの問題を解くことによって，知識の引き出しの使い方に慣れていきます（output）。このようなくり返しを行うことによって，共通テストで高得点を狙う学力がどんどんついていきます。

　私が予備校で講義するときは，みなさんが地学を楽しく学習できるように心がけています。本書の製作においてもその精神を大切にしたので，楽しく地学を学べる「地楽」の参考書になっていると思います。地学を好きになること，これが得点を伸ばす最大の原動力です。本書を通じて，みなさんが地学大好きな受験生になってもらえることを切に願います。

河合塾　田島 一成

how to use this book
本書の特長と使い方

① 基礎からはじめて共通テスト対策

本書は，はじめて地学基礎を学ぶ人にもわかりやすいように，キホンから手を抜かずに解説をしています。キャラクターと先生の解説の掛け合いを読みながら，スラスラ学習を進めることができます。
さらに， Point! や ココに注目 では，地学基礎の超重要な公式や用語，知っていると差がつく考えかたなどをまとめています。

② 重要ポイントが一目でわかるビジュアル

知識の理解と記憶の定着を助けるため，本書はフルカラーで，図や表をふんだんに盛り込んでつくりました。
文章だけではわかりにくい内容も，図を見ながら学ぶことで，イメージがふくらみ，理解することができます。また，図を使って覚えたことは記憶から抜け落ちにくく，試験場で重要事項と図がリンクして思い出されることもあるでしょう。

③ 練習問題で共通テストに対応する力がつく

本書のところどころには，共通テストレベルの練習問題が掲載されています。本書では，共通テストに合わせた実験や観察をテーマとした問題を多く出題しました。そこまでで学んだ知識・解きかたを実践して，問題に取り組んでみましょう。そうすることで，"解く力"が養われていることに気づくはずです。
間違えたらしっかりと解答・解説を確認して，次回は自力で解けるようにしましょう。

④ 取り外し可能な別冊で，重要事項をチェック＆復習

別冊には，本冊で学んだ重要な事項をまとめてあります。取り外して持ち運びが可能なので，通学途中やちょっとしたすきま時間など，利用できる時間をフル活用して知識の整理をしてください。

contents
もくじ

CHAPTER | 1 | 固体地球

CHAPTER | 2 | 地球の歴史

| CHAPTER | 3 | 大気と海洋 |

| CHAPTER | 4 | 宇宙 |

| CHAPTER | 5 | 地球の環境 |

```
┌──────────────────────────────────────────────┐
│  別冊  │ 6 │  要点集                          │
└──────────────────────────────────────────────┘
```

共通テスト
特徴と対策はこれだ！

地学基礎をわかるためには，どういう勉強をしていけばいいんですか？

まず，地学基礎がどのような分野から成り立っているのか，から説明しますね。地学基礎は**「固体地球」**，**「岩石・地質」**，**「大気・海洋」**，**「宇宙」**の4分野から構成されています。

「固体地球」ってなんですか？

「固体地球」は地球の内部について扱います。たとえば，地球の内部がどのような構造になっているか，地震や火山の発生の原理などを学んでいきます。

地震は怖いので，どうして起こるのかを知っておきたいです。その他の分野についても教えてください。

「岩石・地質」は，地球の表層を扱います。地球表面を構成している岩石や地層のでき方や，地層中の化石（恐竜など）から地球の歴史を紐解いていきます。

恐竜も出てくるんですね。楽しみです。

次の「大気・海洋」は，天気の変化や地球温暖化，エルニーニョ現象などの大気と海洋に関係する地球環境問題も扱います。

自分で天気予報ができるようになると楽しいですね。

最後の「宇宙」は，太陽や惑星，そして銀河系，さらには宇宙の始まりまで学んでいきます。

地学基礎ってすごい大きなスケールなんですね。

地学基礎は，身の回りの出来事や題材を扱うことが多いため，そのようなことに興味を持つことが力を伸ばすコツの1つになりますよ。

POINT
地学基礎の構成分野
1　固体地球　2　岩石・地質　3　大気・海洋　4　宇宙

共通テストの地学基礎の受験を考えています。新しく覚えなければいけない範囲や，勉強方法などを教えてほしいのですが。

センター試験の頃と比較しても，教科書の記述が大きく変更されていないので，**基本的に出題される範囲はほとんど同じ**ですよ。

なんだ！　だったら，教科書に書いてある太字の部分を中心に暗記して，過去問やセンター試験用の問題集を勉強していけばいいんですね。心配して損しちゃった。

ちょっと待ってください。目標平均点が今までのセンター試験よりも低く設定されているため，難易度が少し高くなると考えられますよ。

難しくなるということは，暗記することが多くなるんですか？　嫌だな〜。でも地学基礎は暗記科目なので，高得点が狙えるようにしっかり教科書を覚えて，がんばります！

えっ??　地学基礎が暗記科目とは，初耳ですが……。

違うんですか？

たしかにセンター試験では知識問題が7割程度でしたが，**共通テストでは思考が必要な問題が増加**します。

うわぁ〜，思考の問題が増えるんだ。計算嫌いです!!　どうしよう。

慌てないでください。共通テスト地学基礎で出題される計算問題は，1問か2問ですよ。

ほっ。

ではここで，学習対策を「知識問題」と「思考が必要な問題」に分けて説明していきますね。なるべく，共通テストの出題形式に合わせたセレクトをしますね。

よろしくお願いします。

ではまず, **知識問題** についてです。次のような問題の出題が考えられます。

第2回試行調査　第1問　問1

地層から得られる情報に関して述べた文として最も適当なものを, 次の①〜④のうちから一つ選べ。

① 地層の変形や逆転がないとすると, 下位の地層は上位の地層より ~~新しい~~ **古い** と推定できる。

② 地層に含まれる示相化石の種類によって, 地層が堆積した ~~地質時代~~ **環境** を推定できる。

③ 地層中に断層面が観察されると, 地層が堆積した後に断層が生じたと推定できる。

④ 地層中に不整合面が観察されると, ~~連続的に~~ **不連続** 地層が堆積したと推定できる。

へ〜。文章の問題が知識問題なんですね。

共通テストでは単純に用語を問うタイプの問題は減少して, **地学用語や地学現象の意味や原理, その成り立ちを問う問題** が多くなります。ただし, 地学用語や地学現象は, 地学基礎を出版している5社の教科書に共通して掲載されている用語が問われますので, それほど多くはありません。

5社の教科書って！　私は学校で使っている一種類しか持っていません。

心配しなくて大丈夫ですよ。「きめる！　共通テスト地学基礎」では, 地学基礎の教科書を出版している5社の多くに掲載されている重要な地学用語や地学現象をチョイスしていますので, この参考書で勉強していけば十分なんです。

安心しました。文章の選択問題の対策はどのようにすればいいんですか?

文章の選択問題を演習するときには, 誤っている部分には線などを引いて, その誤り部分を正しいものに置き換えられるようにしましょう。

1つ1つの文章が正しいのか誤っているのかを，しっかりわかるようにするんですね。

その通りです。知識問題については，そのような学習法をくり返していけば，1つの問題演習でも多くの知識を確認することができ，効率的に力をつけていくことができます。

POINT
知識問題の対策
・ この参考書に掲載されている地学用語や地学現象を覚えて，理解していく。
・ 各選択肢の文章について，誤っている部分を正しいものに置き換えることができるように知識を身につける。

次に**思考が必要な問題**で，正しい図を選択する問題です。

図の問題なんですね。共通テストは図の問題が多くなるんですか？

そうですね。共通テストでは地学現象を理解する上での思考の過程を重視するため，従来のセンター試験よりも多くなる傾向にありますね。この問題は過去に被害を起こしたシーボルト台風の接近時の風向の変化についての問題です。

第2回試行調査　第2問　問5

　次の文章は，1828年9月にいわゆる「シーボルト台風」が九州を通過した際の久留米における記録の現代語訳である。この記録をもとに，この台風の推定された経路を示す矢印，および9月18日午前4時における台風の中心位置（●）として最も適当なものを，次の①～④のうちから一つ選べ。ただし，図中の□は久留米の位置を示す。また，風向は地形の影響を受けないものとする。

　9月17日の午後8時頃から風が強まり，最初は北東風だったのが，南東風に変わり，激しい風が吹いた。18日の午前4時頃に南西風になり，午前6時頃風が弱くなった。

久留米藩の記録『米府年表』による

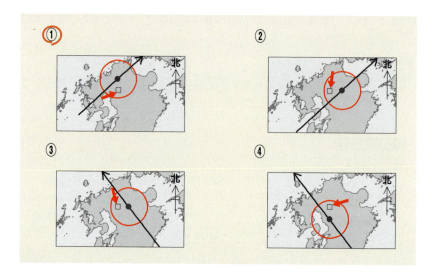

こ のような問題は，どんな対策をすれば解けるようになるんですか？

この問いでは，台風の風は中心に向かって反時計回りに吹き込むという知識から，台風の風向の変化を類推して，選択肢の図に最も台風が近づいたときの風向を書き入れて正解を導いていきます。

教科書にこのような図は載っているのですか？

「探究活動や実験」などに掲載されている教科書もありますが，掲載されていない教科書のほうが多いですね。ですので，基本的には自分自身で描いていくんですよ。

すごく難しそうですね。どんな感じで描くんですか？

台風に関して，「風は台風の中心に向かって反時計回りに吹き込む」という情報は，すべての教科書に掲載されています。そこで次の図のように「A点の台風が遠くから近づいてくるとき」，「B点の最も近づいたとき」，そして「C点の遠ざかっていくとき」の作図をしてみると正解を導くことができます。このように，地学の現象が起こる原理や過程を，図を描きながら考えるような習慣をもつことが大切になってきます。「きめる！　共通テスト地学基礎」では，多くの図表や写真などを掲載しています。これらを利用して図表が表している意味をしっかりと理解していけば，十分な対策になりますよ。

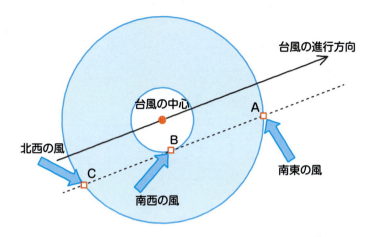

台風の進行方向

台風の中心

北西の風

南東の風

南西の風

POINT
思考が必要な問題の対策
・ 基本公式や重要事項を正確に運用できるようにする。
・ 探究活動・実験などについて，自ら作業を行う。
・ 地学現象が起こる原理を図やグラフを利用して，理解できる
　ようにする。

 最後に共通テストで出題される可能性が高い新しい傾向の問題を紹介します ね。

第2回試行テスト　第2問　問2

　探究活動に取り組むとき，観察事実と，考察で得られる事柄とを区別する ことは大切である。和子さんが土石流によって形成された未固結堆積物（固 結していない堆積物）を調査したときのレポートの一部を次に示す。レポー ト中の　ア　・　イ　に入れる語句として最も適当なものを，それぞれ 次ページの①～④のうちから一つずつ選べ。

14

和子さんのレポートの一部

◆観察結果：未固結堆積物の大部分で ア が観察できた。
その様子をスケッチしたものが図Iである。

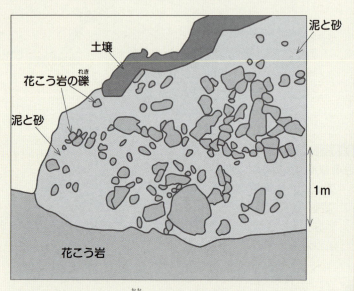

図I　花こう岩を覆う未固結堆積物の断面のスケッチ

◆考察：観察結果に基づくと， イ が推論できる。

① 泥，砂，礫がほぼ同時に堆積したこと　← 考察
② 泥と砂の中に礫が分散して分布していること　← 観察結果
③ 礫，砂，泥の順に堆積したこと
④ 泥，砂，礫が層状に分布していること

私たちが授業で提出するようなレポートですね。

実際に野外調査をして，それをレポートにまとめたものを題材にしてい

ますね。レポートの作成では，観察事実をまとめ，その結果から導き出す考察を記述することが重要なので，そこに着目した問題になっています。観察事実と考察をしっかりと分けられるかどうかがポイントとなっています。

どうやって，観察事実と考察を見分けるのですか？

はじめにスケッチを見て，未固結の堆積物（泥と砂，花こう岩の礫）がどのように存在しているのかを観察するんです。それは②と④の堆積物の分布の状況になりますね。で，花こう岩の礫はバラバラ（分散）に存在しているか，きれいに層状に並んでいるかどちらかな？

バラバラに見えますね。

その通りです。ですので，観察事実は②が正解。そして，なぜバラバラに堆積したのか考えてみるんです。それが考察で，①の泥，砂，礫が一気に堆積したのか，③の順番に堆積したのか，どちらだと思いますか？

バラバラに混じってしまっているので，順番ではないような気がします。一気に堆積した①かな？

正解です。新傾向の問題は，実験に関するレポートや地学現象について結論や考察を導き出していく過程を問う出題になります。受験生にとっては一見難しく感じるとは思いますが，このように順序立てて考えていけば，特別な対策は必要ないんですよ。

少し気楽になりました。

POINT
新傾向の問題の形式
・ 会話文，レポートなどと図やグラフを組合せた出題形式。
・ 結論や考察を導き出していく過程が出題される。
・ 身の回りの現象，自然災害などと結びつけて考える力が問われる。

「きめる！ 共通テスト地学基礎」の練習問題では，会話文やレポート形式などの新傾向の問題をたくさん取り入れました。これを利用して新しいタイプの問題にも慣れていってください。

地学のすべて

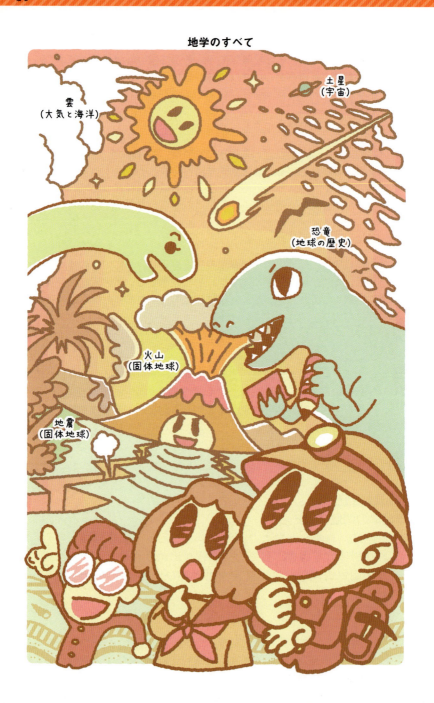

Chapter 1
固体地球 ～地球の姿と内部はどうなっている?～

　このChapterでは,『地球の形と大きさ』と『地球の内部で起こる地学現象』について学んでいきます。

　まず『地球の形と大きさ』についてですが,みなさんは地球の形を知っていますね?

> 地球の形は,真ん丸,球の形ですよね。

　はい。一般的に「地球の形は球である」といわれていますね。でもそれをみなさんはいつ,どうやって知ったのでしょう?　たぶん,地球儀や宇宙船から見た地球の写真などから,地球の形が丸いと知ったのではないですか?

でもちょっとマッタ!

　地球の形は本当に真ん丸なのでしょうか?

　ここで地球の仲間の星である**図1**の土星の写真をよ〜く見てください。少しだけリングの方向に膨らんだ円,すなわち,楕円であることがわかりませんか?

株式会社データクラフト

図1　土星の写真

> いわれてみると,少し楕円っぽく見えますね。

ちょっとわかりにくかったかもしれませんね(笑)。でもちゃんと楕円なんですよ。

なんで楕円なんですか？

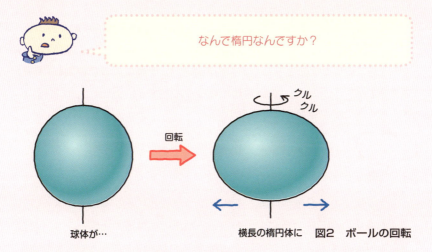

球体が…   横長の楕円体に　図2　ボールの回転

　上の図のように、やわらかいボールをくるくる回転させると、ボールは回転の軸と直角の方向に膨らんでいくんです。

　地球も回転しているので、地球の本当の形は球ではなく、楕円を回転させた形(回転楕円体)なんですよ。でも、地球は土星よりもつぶれかたが小さいので、球であることにしてしまっているんです。

「地球は実は球ではない」なんて
世の中の常識とは正反対ですね。

　そうなんです。それが地学のおもしろいところですよ。

　そして、もう1つのテーマは『地球内部で起こる地学現象』です。どのようなものが思い浮かびますか？

うーん……。地震とか？

　その通りです！　地下深くで起こる地震や，地球内部から上がってくるマグマによる火山の噴火なども，この Chapter で説明します。これらは人間にとって怖い災害を起こします。

　なぜ，このような現象が起こるかというと，地球の内部は運動していて，それにともなって，地球の表面もゆっくりだけど，つねに動いているからなんです。そして地面どうしがぶつかる場所で，地震によるひび割れ（断層）ができたり，造山運動，火山活動が起こるんですよ。

地面どうしがぶつかるって，どういうイメージ？

　2つの粘土の塊（かたまり）を近づけて，それがぶつかるとどうなるのかイメージしてください。**図3**のようにぶつかると，粘土の塊は盛り上がったり，ひび割れたりしますね。それが断層や山なんですよ。

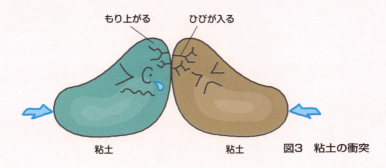

もり上がる　　ひびが入る

粘土　　　　　粘土　　　図3　粘土の衝突

地球の内部も表面も，つねに動いているなんて信じられないな。

　図4は人工衛星を用いて，ハワイと日本の間の距離の変化を毎年測ったものです。2003 年は 0 cm（A 点），2011 年ころには −50 cm（B 点）になっていることがわかりますね。マイナスの数値は近づいていることを示しているので，およそ 8 年間にハワイと日本の間の距離は 50 cm 近づいているということです。

図4　ハワイと日本の間の距離変化

　最新のデータ（2019年現在）では，1年間に6cmの速さで近づいている
とのことです。ハワイは何千万年の長い年月がたつと，日本のすぐ横まで，
やってくるんです。昔のことわざで，『動かざること山の如し』というも
のがありますが，地学の世界ではこのことわざも非常識になるんですね。

すごい!!　ハワイに旅行をする必要がなくなりますね。

　そういうことになりますね。でも何千万年という年月は，すごく長くて，
それまで人類が生き残れているかは不明ですが……。

2011年に突然，距離が縮まっていますが，
何か起こったんですか？

　これは2011年3月11日に起こった東北地方太平洋沖地震の影響なんで
すよ。このように地面の動きのデータからさまざまな地学現象を読み取っ
ていくことができるんです。
　地学の世界に興味がもてたでしょうか？　では，本編でしっかり学んで
いきましょう！

Theme ① 地球の形と大きさ

>> 1. 地球の形

宇宙船がなかった時代の人々は，地球の形が丸いこと
をどうやって知ったのかな？

　古代ギリシアの科学者**アリストテレス**は，地球が球形であると考えた人物です。その時代はなんと紀元前 330 年頃という大昔！

　アリストテレスがどのように「地球は丸い」と推定したのか，その方法を説明します。次の❶〜❸のようなことがキッカケです。

❶ 船から見た景色の変化

　船が海から陸地に向かうとき，船から陸地にある山を見ると，**陸から遠いうちは山頂部分だけが見えます。**そして，**だんだん近づくにつれて，徐々に山全体が見える**ようになります（図１−１）。

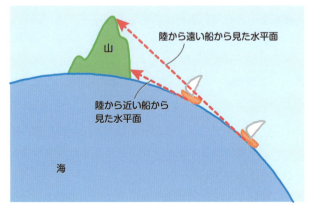

図１−１

　もし，地球が平坦^{へいたん}だったら，遠くにある船から見ても山全体が見えるはずですね。しかし実際は，山頂からだんだん見えるようになります。なぜなら，地球は丸いので，水平面より下が見えないからです。

　船に乗って旅行する機会があったら，双眼鏡を持って，観察してみよっと。

❷ 星の高度の変化

　いろいろな地点で，夜空に見える同じ星を同じ時刻に観察すると，見える高さ（高度）が異なります（図1－2）。星は非常に遠方にあるので，星からの光は平行光線と考えられます。そのため，地点Aでは最も高く，地点Cでは最も低く，星が見えるのです。

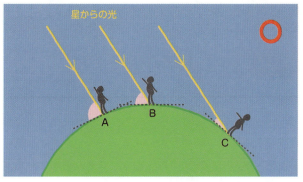

星からの光

図1－2

　もし，地球が平坦だったら，夜空に見える星は，**図1－3**のように地点A，B，Cで同じ高さに見えるはずですね。しかし，実際には地球は丸いので，観察者が見上げる星の高度は，場所によって変わるのです。

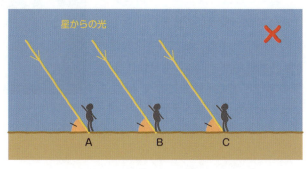

星からの光

図1－3

いつか海外に行く機会があったら，日本で見たときと海外で見たときの星の高度を比べてみようかな？

　場所による高度を比べるなら，北極星に注目するといいですよ。北極星は，ほぼ自転軸の延長線上にあるので，どこにいても真北の方向に見えますから。北極星は北に行くほど，高くなります。ただし，北半球でしか見えないので，南半球への旅行では使えませんよ。

❸ 月食のときの地球の影の形

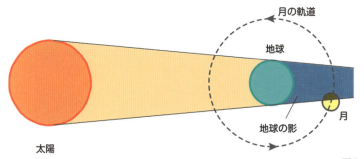

図1-4

　図1-4のように，月は地球のまわりを回っています。月食は，月が地球を挟んで太陽の反対側の地球の影に入ったとき，地球から見て，月が欠けて見える現象なんです。

　逆に月が太陽と同じ側にきて，太陽と重なったときは，日食になります。

　月食のとき，**月に映った地球の影は円形になります**。図1-5は，月食のときの月の写真です。月の右側を覆う影の形をよく見てください。円の弧に見えますね。これは地球の影ですから，地球が丸い証拠になります。

　また，月の半径と影の半径を比較すると，影の半径のほうがかなり大きいですね。この

国立天文台　　図1-5

ことから月よりも地球のほうが大きいことがわかります。

次の月食のとき，月にできる影の形を
しっかり観察しよっと。

　近年に日本で皆既月食（月がすべて欠けて見える現象）が見られるのは，
2021 年 5 月 26 日，2022 年 11 月 8 日，2025 年 9 月 8 日ですよ。

Point!

| 地球は球形である |

- **アリストテレス**：月食のときの地球の影の形などから，地球
  が球形であることを唱えた古代ギリシアの人物
- **月食が起こるとき**：**太陽ー地球ー月**が一直線上に並ぶ

　ここで少し注意してほしいことがあります。『地球』，『太陽』，『月』，『夜
空に見える星』というように天体名がたくさん出てきましたね。これらの
特徴をきっちり分けて考えられるようにしましょう。

ココに注目！

| 天体の特徴 |

- 『**地球**』：**太陽のまわりを1年で回っている**惑星（恒星のまわり
  を回る天体を惑星という）。
- 『**太陽**』：自らの光で輝いている天体（恒星）。
- 『**月**』：地球のまわりを回っている衛星（惑星のまわりを回る天
  体を衛星という）。
- 『**夜空に見える星**』：太陽と同じ恒星。星座を形づくってい
  る恒星は，地球からは非常に遠くにあるため，星どうしの間
  隔が変わらないように見える。プラネタリウムの天井に星が
  張りついているイメージ。

練習問題

　地球が球形であることによって観測できることがらを述べた文として不適当なものを，次の①〜④のうちから１つ選べ。

① 　海の遠くから近づく帆船(はんせん)は，帆(ほ)の先端から見えはじめる。
② 　北半球から見える星座には，南半球からは見えないものがある。
③ 　同じ日の太陽の正午の高度は，観察する場所によって異なる。
④ 　日食のときに太陽にできる欠けた形が円形である。

解答 ④

解説

① 　p.22 の**図１−１**で，海の遠くから近づいてくる帆船を陸から見た場合，帆の先端から見えはじめる。よって，正しい。
② 　星座の例として，北極星を含むこぐま座を考えると，北半球では見えるが，南半球では見えなくなる。よって，正しい。
③ 　p.23 の**図１−２**で星を太陽に置き換えて考えると，場所によって太陽の高度は異なる。よって，正しい。
④ 　日食は下の図のように，太陽――月――地球と並んだとき，太陽に月が重なる現象である。太陽の欠けた形は月の形を表す。よって，誤り。

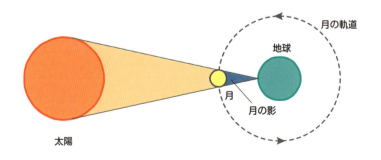

>> 2. 地球の大きさ

　紀元前 230 年頃ギリシア人の**エラトステネス**は，エジプトの 2 つの都市，アレキサンドリアとその南にあるシエネ（現在のアスワン）で見られる現象から，地球の周囲の長さをかなり正確に計算しました。その方法を順を追って説明しますね。

図1−6

(1)　エラトステネスは，シエネで<ruby>夏至<rt>げし</rt></ruby>の日（6 月 20 日前後）の正午に，**深井戸の底まで太陽の光が届く**ことを文献で知りました（**図1−7**）。

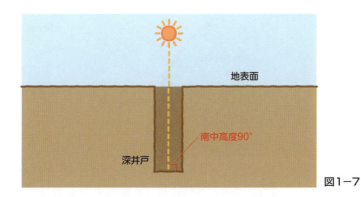

図1−7

　シエネでは，夏至の日の正午に**太陽が頭の真上にきます**。すなわち，太陽の南中高度が 90° になることがわかりました。

⑵　シエネの北にあるアレキサンドリアで，夏至の日の正午に，地面に垂直に立てた棒を使って，太陽の南中高度を測定しました。その結果，アレキサンドリアでの南中高度は，**図1－8**のように82.8°とわかりました。太陽の光線は，**頭の真上の方向から南に7.2°傾いていたのです。**

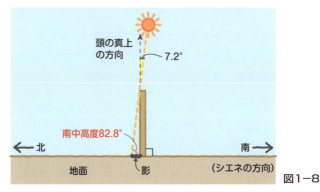

図1－8

⑶　地球を球と仮定すると，シエネとアレキサンドリアの夏至の日の太陽の南中高度の差7.2°は，**図1－9**のように表されます。太陽は非常に遠方にあるため，太陽光線は平行とみなせることから，2地点がつくる円弧に対する中心角も7.2°となります。

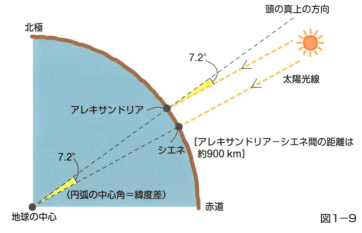

図1－9

　つまり，**2地点がつくる円弧に対する地球の中心角は，その2地点の緯度の差になります。**これにより，シエネとアレキサンドリアの緯度の差は，7.2°と推定されました。

(4) アレキサンドリアとシエネの間の距離を測定すると, 約 900 km でした。円弧に対する中心角と弧の長さは比例します。**図１－９**より, 弧の長さが 900 km のときの円弧に対する中心角は 7.2° ということです。地球１周の長さを x〔km〕とすると, 円の中心角は 360° ですから, 比の計算は次のようになります。

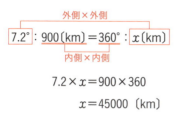

$$7.2 \times x = 900 \times 360$$
$$x = 45000 \text{〔km〕}$$

20 世紀半ばには, 人工衛星の軌道(きどう)から地球の形が測定できるようになり, 実際の地球１周の長さは**約 40000 km**, 地球の半径は**約 6400 km** とわかりました。エラトステネスが求めた 45000 km は, 実際の地球の周囲の長さ 40000 km よりも, 12.5% 大きいということですね。

$$\frac{45000-40000}{40000} \times 100 = 12.5 \text{〔%〕}$$

どうして, 大きな値になっちゃったのかな？

それは, シエネとアレキサンドリアの距離が正確でなかったことなどが理由です。

でも, 精密な機械などがない 2000 年以上前に求めた値にしては, かなり正確ですね。

Point!

地球の大きさ

・**エラトステネス**：初めて地球の大きさを測った人物
・地球の半径：**約 6400 km**
・地球の周囲の長さ：**約 40000 km**

練習問題

　　ジオ君はエラトステネスの方法をまねて, 自分の住んでいる町の南北(同
一経線上)方向の道路上の2地点(A地点とB地点)の緯度の差と2地点間
の距離から地球の一周の長さを求める実習を, 次の手順で行った。

　　1．ジオ君は, 自分の1歩の長さを測定するために20mの距離を歩い
　　　　たときの歩数を測定した。
　　2．A地点とB地点の緯度をインターネットの地形図を用いて調べた。
　　3．A地点からB地点の間を実際に歩いて歩数を測定した。
　　4．1〜3の結果から, 地球の一周の長さを求めた。

　　次の表は, 実習のときのレポートの一部である。レポート中の　ア　〜
　ウ　に入る数値として最も適当なものを, 下の①〜④のうちから一つ選べ。

```
┌─────────────────────────────────────────────────────┐
│  1．20mの距離を歩いたときの平均の歩数：25歩             │
│      1歩の長さは,  ＿＿＿÷＿＿＿＝ ア mである。         │
│  2．A地点とB地点の緯度の差：0.005°                      │
│  3．A−B間を歩いたときの平均の歩数：625歩               │
│      AB間の距離は,  ア ×625＝＿＿＿m＝ イ kmである。   │
│  4．地球の一周の長さを ウ kmとすると,                   │
│      0.005°： イ ＝360°： ウ                             │
└─────────────────────────────────────────────────────┘
```

	ア	イ	ウ
①	0.8	500	40000
②	0.8	0.5	36000
③	1.25	780	56250
④	1.25	0.78	40000

解答　②

解説

　ア　：20mの距離を歩いたときの平均の歩数が25歩であることから,
　　　　ジオ君の1歩の長さは, 20÷25＝0.8mである。

| イ |：A－B間を歩いたときの平均の歩数が625歩であることから，AB間の距離は，0.8×625＝500 m＝0.5 kmである。

| ウ |：0.005°の距離0.5 kmは，地球を球と仮定したときの弧の長さであることから，360°の距離を求めれば，それが地球の一周の長さになる。よって，0.005°：0.5 km＝360°：| ウ |km より，| ウ |＝36000 kmである。

≫ 3. 地球楕円体

子どものころから地球の形は球だと思っていたけど，本当は真ん丸ではないんですよね？

　そうです。p.19でもお話したように，地球は完全な球ではありません。それは❷で説明するので，❶では地球を完全な球体として考えてくださいね。

❶ 地球の子午線と緯度

・極：自転軸と地表が交わった交点。北側が北極，南側が南極です。

・**子午線**（経線）：赤道に直角に交差する，北極と南極を通る大円のこと。

・**緯度**：地表のある地点と赤道面のなす角度。赤道は0°，北極は北緯90°，南極は南緯90°，日本は北緯およそ20°～45°にあります。同じ緯度を結んだ線を緯線といいます。

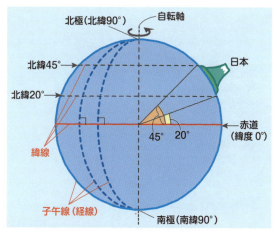

図1-10

　緯度の差については，シエネとアレキサンドリアの緯度の差 7.2°(p.28 図1－9)を思い出してください。**2つの都市地点がつくる円弧に対しての，地球の中心角の大きさが，その2つの地点の緯度の差**になります。図1－10でも，緯度 0°(赤道)の地点と日本の北緯 45°(もしくは北緯 20°)の地点がつくる円弧に対しての地球の中心角が，45°(もしくは 20°)になっているのが確認できますね。

② 地球の形と緯度

　では，ここからは「地球は完全な球ではない」という話をしていきますね。地球は自転軸を中心に回転しています。その回転による<ruby>遠心力<rt>えんしんりょく</rt></ruby>(回転するときに，回転軸に対して外向きにはたらく力)のため，地球は赤道方向に<ruby>膨<rt>ふく</rt></ruby>らんだ**<ruby>回転楕円体<rt>だ えん</rt></ruby>**(楕円を回転させた立体のこと)になっているんです。これに気づいたのは，あの有名な**ニュートン**，17世紀後半のことです。

完全な球の場合，緯度は地球の中心に線を下ろしたときの中心角でしたよね。
完全な球ではないとき，緯度はどうやって調べられるの？

　地球が完全な球ではないため，ある地点の緯度はその地点の<ruby>鉛直線<rt>えんちょく</rt></ruby>(水平面に対する垂線)と赤道面のなす角になります。鉛直線とは，おもりを糸でつるしたときの糸が示す方向すなわち，重力の方向です。真下の方向(重力の方向)に線を下ろしても，**図1－11**のように，地球の中心からずれてしまうんです。

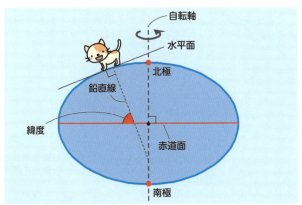

図1－11

❸ 緯度の差と子午線の長さの関係

　地球は赤道方向に膨らんだ回転楕円体なので，北極付近と赤道付近の緯度の差 $x°$ は**図1−12**のようになります。**この図から緯度差 $x°$ あたりの子午線の長さは，赤道付近（低緯度）より極付近（高緯度）のほうが長くなる**とわかります。

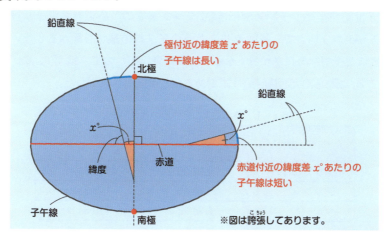

図1−12

　もし地球が完全な球の場合，どの地点の鉛直線も地球の中心へ向かうため，北極付近と赤道付近の緯度の差 $x°$ は**図1−13**のようになります。この場合，緯度差 $x°$ あたりの子午線の長さは，低緯度でも高緯度でも同じになりますね。

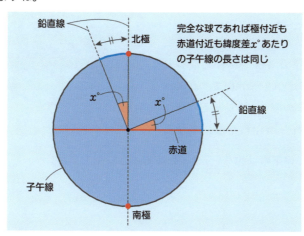

図1−13

④ 子午線の長さの実測

低緯度と高緯度では，同じ緯度の差で，子午線の長さは
どれくらい違うんですか？

18 世紀前半にフランス学士院（フランス国立の，研究者の集まり）が，表1－1の3地点で，緯度差 1° あたりの子午線の長さを調べました。高緯度ほど子午線の長さが長くなるという結果が出たので，**地球の形が赤道方向に膨らんだ回転楕円体である**ことが証明されました。

表1-1　緯度による子午線の長さの違い

場　　所	緯　　度	緯度差 1° あたりの 子午線の長さ
ラップランド	北緯 66°	111.9 km
フランス	北緯 45°	111.2 km
ペルー	南緯　2°	110.6 km

⑤ 地球楕円体

・**地球楕円体**：地球の形と大きさに最も近い回転楕円体のこと。
・**偏平率**：回転楕円体のつぶれの度合い。

図1－14 のように赤道半径を a，極半径を b とすると，偏平率 f は次のように表します。

$$f = \frac{a-b}{a}$$

完全な球の場合，$a=b$ となるので，偏平率は 0（$a-b=0$）です。よって，偏平率の値が大きいほど，球からかけ離れたつぶれた形になります。

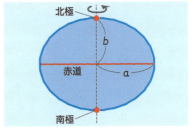

図1-14

地球の偏平率は約 $\dfrac{1}{298}$ と，とても小さいんですよ。

この $\dfrac{1}{298}$ という偏平率の値から地球の形を考えてみましょう。赤道半径 a が 298 cm の地球儀で考えると，極半径 b は約 297 cm になるということです。ほぼ真ん丸の球だと思いませんか？　298 cm や 297 cm ということは，約 3 m うちのたった 1 cm の差ということですからね。

$$\dfrac{1}{298} = \dfrac{298 - 297}{298}$$

地球のつぶれの度合いはすごく小さいから，
「地球は球である」と教わってきたんですね。

そうですね。ちなみに土星の偏平率は約 $\dfrac{1}{10}$ なんですよ。これくらいの値だと見た目でつぶれて見えるはずです。p.18 の土星の写真を，もう一度よ～く見てくださいね。

> **Point!**
>
> | 地球楕円体 |
>
> ・緯度差 1°あたりの子午線の長さ：低緯度＜高緯度
> ・**地球楕円体**：極半径＜赤道半径で，偏平率は約 $\dfrac{1}{298}$

練習問題

　ジオ君は 20××(年)に月面の基地から地球を観察した。そのときの地球の形を表した図として最も適当なものを，次の①〜③のうちから1つ選べ。

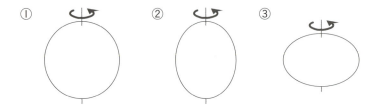

解答　①

解説

　①は円，②は極方向に膨らんだ楕円，③は赤道方向に膨らんだ楕円である。③を正解にしそうだが，地球の偏平率は約 $\frac{1}{298}$ と非常に小さいので，遠くから見るとほぼ円に見える。よって，①が正解。

>> 4. 地球の表面

❶ 地球表面のようす

地球の表面は，**海洋が約 70 %，陸地が約 30 %**を占めています。

・陸地で最も標高が高いところ：**ヒマラヤ山脈**のエベレストで標高 8848 m

・海洋で水深が最も深いところ：**マリアナ海溝**のチャレンジャー海淵で 水深 10920 m

地球表面で最も高いところと低いところの高低差は約 20 km（8850＋ 10920＝19770 m）ということですね。

そんなに凹凸があると，実際の地球は 地球楕円体からは，ほど遠い形だということですか？

そうではありません。最大 20 km の高低差は大きく感じるかもしれませんが，地球の半径 6400 km に対しては，$\frac{20}{6400} = \frac{1}{320}$ でとても小さいんです。だから**地球の形は地球楕円体から大きくはずれてはいない**んですよ。

ヒマラヤ山脈の "山脈" はわかりますけど マリアナ海溝の "海溝" ってなんですか？

海溝は海底にある谷のような場所のことです。海底の地形についての説明をしておきましょう。次のページの**図 1 − 15** も見てください。

・海底の地形

(1)　大陸棚：陸地に接する海底で，平均水深が約 140 m の平坦な海底。

(2)　海洋底：深海における平坦な海底で，海底の面積の大部分を占める。 平均水深は 4000 m 以上ある。

(3)　大陸斜面：大陸棚から水深 4000 m くらいまで続く斜面。

(4)　海溝：水深 6000 m 以上の細長い谷状の地形。

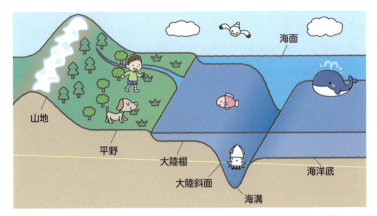

図1−15

② 陸地の高さと水深の分布

図1−16は地球の全表面積に対して,「どの高度の面積がどれだけの割合を占めるか」を表したものです。高度1000mごとに示してあります。これを見ると**海面から高さ0〜1000m, 水深4000〜5000mの2つの高度帯**が多くの面積を占めています。

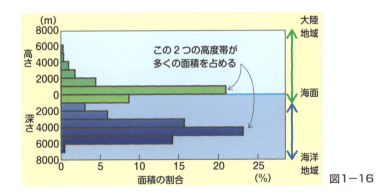

図1−16

図1−16は,水深1000mを境に色分けしてありますね。これより高い地域を大陸地域,低い地域を海洋地域とよびます。この2つの地域では岩盤を構成する岩石の種類が違うんですよ。これについてはTheme 2でくわしく解説しますね。

> **地球の表面** | Point!
>
> ・海洋と陸地の割合 ：およそ 7：3
> ・地表の最大高低差：約 20 km
> ・高度分布：高さ 0 ～ 1000 m，水深 4000 ～ 5000 m に
> 　　　　　　2 つのピーク

練習問題

　実際の地表の最大高低差は約 20 km である。ジオ君がノートにコンパスを用いて地球を半径 6.4 cm の円として描いた場合，最大高低差はおよそ何 mm になるか。最も適当な数値を，次の①～④のうちから 1 つ選べ。

①　0.02 mm　　②　0.2 mm　　③　2 mm　　④　20 mm

解答　②

解説

　最大高低差を x mm とする。地球の半径は 6400 km で，半径 6400 km を半径 6.4 cm＝64 mm の円とすることから，

$$6400（km）：20（km）＝64（mm）：x（mm）$$
$$6400 \times x＝20 \times 64$$
$$x＝0.2（mm）$$

これはシャープペンの芯の太さよりも小さい。

地球の内部構造

>> 1. 地球内部の層構造

地球の中身ってどんなふうになっているの？

① 層構造

　地球は図2-1のように，表面から**地殻・マントル・核**の3層に分かれています。地殻の厚さは数～数十km，マントルはその下の深さ2900kmまで，核は，**外核・内核**に分けられ，外核は深さ2900kmから5100kmまで，内核は深さ5100kmから地球の中心まで続きますよ。

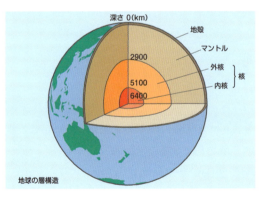

深さ0(km)
地殻
マントル
2900
外核
5100 　核
6400   内核

地球の層構造   図2-1

　地球の内部はゆで卵にたとえることができるんです。卵の殻を地殻，白身をマントル，黄身の部分を核と考えるといいですよ。

そう考えると，私たちが住んでいる地殻は
すごく薄いんですね。

❷ 構成物質と化学組成

地殻・マントルは岩石，外核・内核は金属からできています。

地球全体の化学組成は**表2−1**のようになっています。これは**地殻・マントルを構成している岩石がおもに Si（ケイ素）と O（酸素）からなっており，核を構成している金属がおもに Fe（鉄）である**ことから，このような化学組成になるんですよ。

表2−1　地球全体の化学組成

元　素	Fe	O	Si	Mg	その他
質量%	30.7	29.7	17.9	15.9	5.8

※数値は質量の割合（質量%）で示してある

 地球全体の化学組成の測りかた

地球の内部構造や化学組成は，実際に掘って確認したわけではありません。実際に地球を掘った最も深い穴でも，約 13 km なんですよ。地球の半径 6400 km と比較するとすごく小さいです。ちょうど地球儀の表面にちょっとキズがついた程度です。

では，地球の内部をどうやって推定したんでしょうか？　それは，次の2つの方法によります。

① 地震波の伝わりかたによる推定

お腹が痛いときに病院に行っても，いきなり手術にはなりませんよね。医師はまず，患者に聴診器を当てて，体の内部から出る音（音波）を聞いて，体の中のようすを確認します。これと同じように地球の内部から出る波（地震波）の伝わりかたを各地にある地震計で観測することによって，地球内部の様子を推定することができるんです。

② 隕石の化学組成

地球全体の化学組成は，隕石の化学組成から推定されています。
地球は今から 46 億年前，隕石などが集まって形成されたため，隕石は地球の原材料と考えられています。だから隕石の化学組成は，地球全体の化学組成に近いと考えられるんですよ。

>> **2. 地殻**

私たちが住んでいる地殻の中は
どんなふうになっているの？

　地殻の厚さは数～数十 km でしたね。地殻の内部構造は大陸と海洋で大きく異なっています。

(1)　大陸地殻と構成物質

　図2-2のように，大陸地殻は2層構造をしており，厚さは約30～60 km です。上部はおもに**花こう岩質岩石**，下部はおもに**玄武質岩石**から構成されています。花こう岩や玄武岩については，Chapter 2 でくわしくあつかいますね。

(2)　海洋地殻と構成物質

　図2-3のように，海洋地殻は1層構造をしており，厚さは約5～10 km と，大陸地殻より薄いんですよ。おもに**玄武岩質岩石**から構成されています。

(3)　**モホロビチッチ不連続面（モホ面）**

　地殻とマントルの境界の名称です。この面より上が地殻，下がマントルになっています。モホ面までの深さは大陸で深く，海洋で浅くなります。

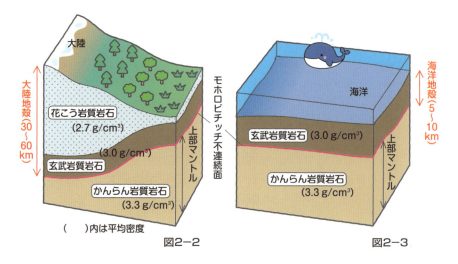

大陸

大陸地殻（30～60km）

花こう岩質岩石
(2.7 g/cm³)

(3.0 g/cm³)

玄武岩質岩石

かんらん岩質岩石
(3.3 g/cm³)

モホロビチッチ不連続面

上部マントル

海洋

海洋地殻（5～10km）

玄武岩質岩石 (3.0 g/cm³)

かんらん岩質岩石
(3.3 g/cm³)

上部マントル

（　）内は平均密度

図2-2　　　　　　　　　　　　　　　図2-3

(4)　地殻の化学組成

　地殻の化学組成は，SiO_2（二酸化ケイ素）が非常に多く，次いで多いのは Al_2O_3（酸化アルミニウム）です。そのため，**表2−2**のように元素としては，**O（酸素） > Si（ケイ素） > Al（アルミニウム） > Fe（鉄）** の順になります。表中の8つの元素で，地殻の元素の98％以上を占めているんですよ。

表2−2　地殻の化学組成

元　素	O	Si	Al	Fe	Ca	Mg	Na	K
質量%	45.1	25.9	8.1	6.5	6.3	3.1	2.2	1.6

>> 3. マントル

　地殻の下のマントルは，地殻と同じような岩石からできているんですよね。地殻とはどんな違いがあるんですか？

　では，マントルの特徴についてまとめていきましょう。

(1)　マントルの範囲

　モホロビチッチ不連続面から深さ 2900 km の範囲で，地球の全体積の約80％を占めています。

(2)　構成物質

　マントルは固体です。大きく**上部マントル**と**下部マントル**に分かれており，上部マントルはモホロビチッチ不連続面から深さ約 660 km の範囲でおもに**かんらん岩質岩石**でできています。かんらん岩についても，Chapter 2 でくわしく説明しますよ。下部マントルは，深さ約 660 km から 2900 km の範囲で深い場所ほど圧力が高くなるため，高圧で安定な，かんらん岩質岩石とは異なる種類の岩石に変化していますよ。

(3)　岩石の密度

　上部マントルを構成するかんらん岩質岩石は，地殻を構成する花こう岩質岩石や玄武岩質岩石より密度が大きいです。一般に，**地下深くにある物質ほど，密度は大きくなりますよ。**

密度ってどういうものですか？　また岩石の密度は，
どうやって求めるんですか？

　地学で学習する密度の単位はおもに g/cm^3 で，これは1 cm^3 あたりの物体の質量[g]を表しています。

　たとえば，発泡スチロールでできた球と鉄球では，同じ体積でも鉄球のほうが質量が大きいですよね。これは鉄のほうが発泡スチロールより密度が大きいからです。

　密度の求めかたは，単位で覚えておくといいですよ。g/cm^3 は分数を意味していて，$\dfrac{g}{cm^3}$ となります。だから，岩石の質量[g]とその体積[cm^3]から，次の式で密度を求めることができます。

密度＝岩石の質量÷岩石の体積

　密度が大きいほうが重たい(1 cm^3 あたりの質量が大きい)ので，地下深くに沈むんですよ。

≫ **4. 核**

地球の中心部にある核は，
どんなふうになっているの？

(1)　核の範囲

　深さ2900 kmから地球の中心までの領域が核でしたね(p.40)。地球の半径が6400 km，マントルと核の境界が，深さ2900 kmなので，
6400－2900＝3500[km]から，核の半径は3500 kmと求められますよ。

⑵ 核の構成物質と元素組成

　核は金属から構成されており，表2－3のように，元素としては **Fe（鉄）** が最も多く，次いで **Ni（ニッケル）** が多いんですよ。

表2－3　核の化学組成

元　素	Fe	Ni	その他
質量%	89.6	5.4	5.0

⑶ 核の構造

　核は **液体の外核** と **固体の内核** に分かれています。深さ 2900 〜 5100 km までが外核，深さ 5100 km から中心までが内核です。

⑷ 核の密度

　金属の Fe は，岩石より数倍密度が大きいんです。また固体の Fe は，液体の Fe より密度が大きくなるので，地球の密度は，深くなるほど大きくなっていくんです。

Point!

| 地球の構成と密度 |

・地表からの深さ
地殻 ｜ マントル ｜ 外核 ｜ 内核 ｜
数 km 〜数十 km　2900 km　5100 km　6400 km

・地殻の化学組成
O Si Al Fe Ca Mg Na K（押しあって刈る真ん中）

・密度
花こう岩質岩石＜玄武岩質岩石＜かんらん岩質岩石＜鉄
（大陸地殻上部）（大陸地殻下部）（マントル）（核）
海洋地殻

練習問題

　ある岩石の密度を測定するために，次のような操作【ア】〜【ウ】を行った。操作【ア】で岩石の質量を測定したところ, 280 g であった。操作【イ】で水とビーカーの質量を測定したところ，700 g であった。操作【ウ】で糸につるした岩石をビーカーの壁や底に触れないように注意して，水に沈めたところ，はかりは 800 g を示した。この岩石の密度は何 g/cm^3 か。最も適当な数値を，下の①〜④のうちから 1 つ選べ。ただし，水の密度を 1 g/cm^3 とする。

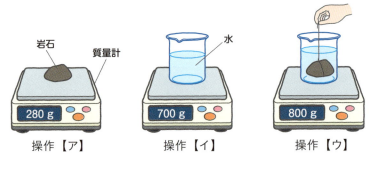

岩石　質量計　水

280 g　　　700 g　　　800 g

操作【ア】　　操作【イ】　　操作【ウ】

①　2.4　　②　2.6　　③　2.8　　④　3.0

解答　　③

解説

　操作【イ】から操作【ウ】で増加した質量（800−700＝100〔g〕）は，岩石が押しのけた水と同体積の，水の質量。水の密度は 1 g/cm^3 であることから，100 g の水の体積は 100 cm^3 である。この値が岩石の体積を表しているので，岩石の体積も 100 cm^3 となる。

　したがって岩石の密度は，280〔g〕÷100〔cm^3〕＝2.8〔g/cm^3〕となる。

Theme ③ プレートの運動

>> 1. プレートテクトニクス

プレートってどんな意味なんですか？

① プレート

英語で**プレート**(plate)とは，変形しにくい硬い板という意味があります。**地球の表面は十数枚の硬い岩盤であるプレートによって覆われていて**，それが右の**図3−1**の矢印のように動いています。だから，p.20で説明したように，日本とハワイは少しずつ近づいているんですよ。

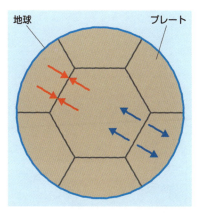

地球　プレート

図3−1

図3−1では，赤い矢印のところでプレートどうしがぶつかって，青い矢印のところでプレートが離れていますよね？　青い矢印のところでプレートが足りなくてハゲてしまわないんですか？

プレートはぶつかり合うところ（赤い矢印のところ）で沈み込んで消滅し，離れ合うところ（青い矢印のところ）で生産されているので，足りなくなることはありません。そのようなプレートの境界で，さまざまな地学現象（地震や火山活動など）が起こっているんですよ。p.20の粘土をぶつけるイメージを思い出してくださいね。

　地震や火山活動などの地学現象をプレートの動きから説明する考えかた
を，**プレートテクトニクス**とよびます。

❷ ３つのプレート境界

　次の**図３-２**をよく見てください。(A)ではプレートが生産されて離れ
ていき，(B)ではプレートどうしが近づいて消滅していきます。(C)では
プレートどうしがすれ違っていますね。このようなプレート境界には特徴
的な地形ができるんですよ。

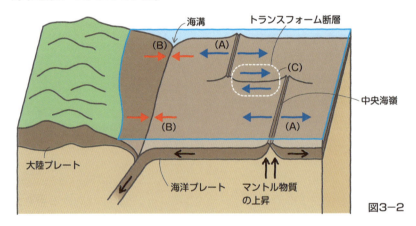

図3-2

(1)　離れる境界：プレートが拡大する境界

　プレートどうしが離れていく境界では，海底に**中央海嶺**とよばれる海
底山脈(**図３-２**の(A))が形成されています。中央海嶺の直下ではマグマ
がつねに形成され，それが冷えて固まるとき，硬い岩盤であるプレートを
形成するんですよ。いわば**プレートの生産境界**なんです。

　中央海嶺では，プレートを引き離すような力がはたらいており，プレー
トが海嶺を挟んで左右に広がっていきます。そのとき岩盤にかかる力の影
響で，震源の浅い地震が発生するんですよ。

海洋ではなく，大陸に拡大境界がある
場合，**図3-3**のような**地溝帯**という，
大規模な谷状の地形をつくります。

株式会社フォトライブラリー
▲アフリカの地溝帯　　図3-3

(2) 近づく境界：プレートが収束する境界

　プレートが生産される境界があれば，当然プレートが消滅する境界もあ
ります。それが**図3-2**の(B)です。その場所で，プレートが地下に沈み
込んだり，ぶつかって上にのし上がったりしているんですよ。

① 海洋プレートと大陸プレートが近づく境界 （図3-2の(B)）

　近づくプレートの密度が異なる場合，**密度の大きいプレートが，密度
の小さいプレートの下に沈み込みます。**その結果，海底に深い谷状の地
形である**海溝**やトラフを形成します。

プレートの密度が異なる場合ってどんな場合なんですか？

　海洋地殻をのせているプレート（**海洋プレート**）のほうが，大陸地殻をの
せているプレート（**大陸プレート**）より重たいんです。これは，**海底を形
成している玄武岩の密度が，大陸に存在する花こう岩の密度より大き
い**ことが影響しているんですよ。p.42 の**図2-2，2-3**に密度が示して
ありますので，見てくださいね。

　もう1つ，中央海嶺で生まれた海洋プレートが，移動していく間に冷え
ていって，密度が大きくなることも原因です。これにより，中央海嶺から
離れるほど，海底の水深は深くなっていくんですよ。

　図3−4のように，密度の小さい大陸プレートは，密度の大きい海洋プレートの上にのし上がって，日本列島のように，海溝に沿って弓なりに島が並ぶ**島弧**<ruby>島弧<rt>とうこ</rt></ruby>を形成します。このようなプレート境界にできる地域のことを，島弧─海溝系といいます。

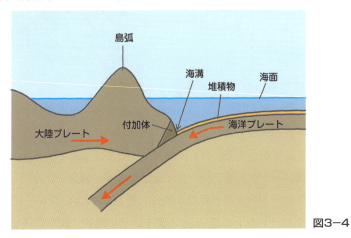

図3−4

図3−4 の中にある付加体ってなんです？

　付加体とは，海溝に積もっている陸からの堆積物<ruby>堆積物<rt>たいせきぶつ</rt></ruby>（砂や泥）と，海洋プレートにのって運ばれてきた堆積物（枕状溶岩，チャート，石灰岩など）が合わさったものが，海洋プレートが沈み込むとき，それらの一部がはぎとられて，陸側に付け加わったものなんですよ。

付加体って，実際に見ることはできるんですか？

　日本では，内陸部でサンゴの化石が産出することがあります。サンゴは暖かい海にしか生息しておらず，海洋プレートにのってはるかかなたから運ばれてきたことを物語っていますね。

② 大陸プレートと大陸プレートが近づく境界

　大陸をのせたプレートどうしが近づいた場合，どちらも深く沈み込むことができません。その結果，上にのし上がって，ヒマラヤ山脈のような**大山脈**（**図3−5**）を形成するんです。

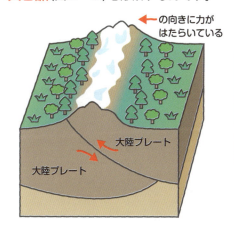

← の向きに力が
はたらいている

大陸プレート

大陸プレート

株式会社フォトライブラリー

▲ヒマラヤ山脈

図3−5

　島弧や大山脈が形成される地域を**造山帯**とよびます。プレートが収束する境界では，プレートどうしがぶつかり，圧縮力がはたらきます。そのために岩盤が破壊されて，さまざまなタイプの地震が発生するんですよ。これについては Theme 4 でくわしく説明しますね。

(3) **すれ違う境界**：**プレートがすれ違う境界**

　中央海嶺などのプレートが拡大する境界（プレートの生産境界）では，境界が1本の線ではつながらず，横にずれることがあります。そうすると，p.48 の**図3−2**の(C)のように，プレートどうしがすれ違う境界が生じるんですね。このような境界には，**トランスフォーム断層**とよばれる地形が現れます。

図3−2 の(C)のどこからどこまでが
トランスフォーム断層なんですか？

　図３－２の(C)の周辺部分を拡大したものを，**図３－６**に示しますね。
この図から，プレートどうしがすれ違っている部分は，ずれてしまった２
つの海嶺と海嶺の間，つまり(D)－(D′)間だけ（プレートXとプレートY
が接する太線のところ）だとわかります。(D)より左側や(D′)より右側の
破線の部分（断裂帯といいます）では，接するプレートが同じ方向に動いて
いて，すれ違っていません。だからトランスフォーム断層は(D)－(D′)間
になります。この部分では，震源が浅い地震が発生するんですよ。

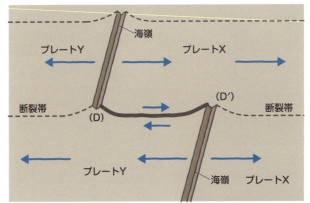

図３－６

ピクスタ株式会社

▲アメリカのサンアンドレアス断層

　トランスフォーム断層の具体例とし
て，アメリカ・サンフランシスコの近
くにある**サンアンドレアス断層**を覚え
ておいてくださいね。

❸ プレート境界と地震

　よく環太平洋地震帯とか，環太平洋火山帯という言葉が使われますよね。
この「環」という言葉は輪っかを表しており，それがちょうど１枚のプレー
トの境界になるんです。では，世界のプレート分布図（**図３－７**）と世界の
地震分布（**図３－８**）の関係を見比べてみましょう。

世界のプレート分布図　▲▲▲ 収束境界（矢印方向に沈み込む）　── 拡大境界
　　　　　　　　　　　── すれ違う境界　←── 各プレートの運動方向
　　　　　　　　　　　‥‥‥ 不明瞭なプレート境界

図3−7

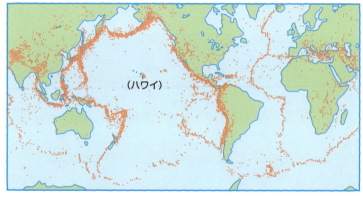

世界の地震分布(震源が100 kmより浅い地震)　図3−8

プレート境界と地震の分布はすごく一致していますね。
地図中の日本は地震の点でつぶれてしまってる……。

　日本列島付近には，4枚のプレートがあって，世界でも有数の複雑なプレート境界に位置しているんですよ。大陸プレートでは，**ユーラシアプレートと北アメリカプレート**，海洋プレートでは**太平洋プレート**と**フィリピン海プレート**がぶつかり合っているんです。プレートの境界でなぜ地震が多いのかは，Theme 4 でくわしく解説しますね。

Point!

| プレートの境界と地形 |

- **プレートが拡大する境界**：中央海嶺，地溝帯
- **プレートが収束する境界**：島弧－海溝系，大山脈
- **プレートがすれ違う境界**：トランスフォーム断層

練習問題

　次の図は，おもな世界のプレート境界を表している。このうち，プレートが収束する境界で，かつ海溝を形成している位置はA～Dのうちのどこか。最も適当なものを，下の①～④のうちから1つ選べ。

①　A　　②　B　　③　C　　④　D

解答　④

解説

　p.53の**図3－7**を参照すると，Aはプレート収束境界で，大山脈のヒマラヤ。Bはプレート拡大境界の大西洋中央海嶺である。Cはプレート拡大境界の東太平洋海嶺である。Dはプレート収束境界で海溝を形成している。太平洋プレートでは，おおむね東側で拡大する境界，西側で収束する境界

が形成されていることを覚えておこう。

>> 2. プレートの動き
① ホットスポット

プレートが動く方向は，
どういうことからわかるのですか？

　マントルの深部から高温物質が上昇してきて，点状に火山活動が起こっている場所があります。これを**ホットスポット**とよびます。ホットスポットがプレート境界ではない場所にある場合，**プレートがホットスポットを通過するとき，図3-9のように火山が次々と形成され列状に並びます。**プレートが移動したことで，マグマの供給からずれた火山は火山活動が停止して，火山島や海山<ruby>海山<rt>かいざん</rt></ruby>になるのです。つまり，**ホットスポットにおいて活動している火山と，その付近にある火山島や海山の列が，プレートの動いている方向を示す**んですよ。

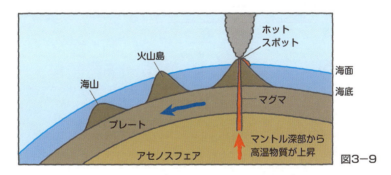

図3-9

ホットスポットが目印で，火山や海山の並んでいる
向きがプレートの動いている方向なんですね。
実際のホットスポットはどこにあるんですか？

　特に有名なのは**ハワイ島**ですね。ハワイ島は太平洋プレート内にあり（**図3-7**），**図3-10**を見ると，火山島と海山が列をなして続いています。ハワイ島から離れるほど火山島や海山の火山活動があった年代が古くなっていることがわかりますね。たとえば推古海山は，5960万年前には，現在のハワイ島の位置にあり，噴火していました。そしてプレートの移動とともに現在の位置まで運ばれたんですよ。

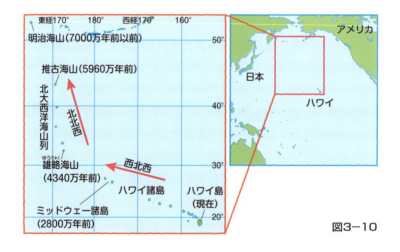

図3-10

図3-10を見ると，雄略海山あたりで，列の方向が変化しているように見えるんですけど，何でですか？

　いい指摘ですね！　これは，プレートの移動方向が一定ではないことを表しているんです。今から7000万年前以前（明治海山の活動）〜4340万年前（雄略海山の活動）まではプレートは北北西に移動し，4340万年前〜現在（ハワイ島の活動）にかけては方向が変わって西北西に移動しているということです。

プレートって，一定の方向に動いていないんですね。プレートって，どれぐらいの速さで動いているんですか？

　では，年間何 cm の速さで移動したのか計算してみましょう。ハワイ島から雄略海山までの距離は約 3800 km あります。そして雄略海山は 4340 万年前に現在のハワイ島の位置で噴火していたので，4340 万年間に 3800 km 移動したことになりますね。4340 万年は 4.34×10^7 年，3800 km は cm に直すと $3800 \times 100000 = 3.80 \times 10^8$ 〔cm〕ですから

$$\frac{3.80 \times 10^8}{4.34 \times 10^7} \fallingdotseq 9 \ (\text{cm/年})$$

よって，年間約 9 cm 移動していることになります。

な〜んだ。1 年間にたったの 9 cm ですか！
プレートの移動は，すごくゆっくりなんですね。

　いやいや，"たった"なんて言ってはいけません。1 年間に自分の家が隣の家に対して，数 cm 動いたら大変ですよ。この計算では，年間に 9 cm と求められましたが，最新のデータ（2019 年現在）では年間に 6 cm の速さで近づいているとのことです。ハワイ島と日本の距離は約 6600 km なので，6 cm/年の速さでプレートが動き続けると，ハワイ島は約 1 億 1 千万年後には日本に衝突するかもしれませんね。

> **Point!**
>
> | プレートの動く速さ |
>
> プレートの動く速さは，それぞれのプレートで異なるが，
> 年間数 cm の速さで移動している。

② 海底の年代

　プレートは中央海嶺で生まれ，両側に移動していくことは学びましたよね。**図3−11** は，海底が生まれてからの年代を色分けして示した地図です。この図からわかるように，**中央海嶺に近いほど海底の年代は新しく，離れるほど，だんだん古くなっていく**んですよ。

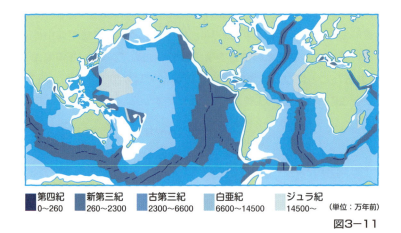

■第四紀	■新第三紀	■古第三紀	□白亜紀	□ジュラ紀	
0〜260	260〜2300	2300〜6600	6600〜14500	14500〜	（単位：万年前）

図3−11

中央海嶺の近くの海底は，できたてほやほやなんですね。

　その通りです。図3−11の青色が濃い部分はいちばん新しい海底で，プレートが生産されている中央海嶺付近に相当するんですよ。

Point!

| 海底の年代 |

　海底の年代は，中央海嶺付近で最も新しく，海溝に向かって古くなっている。

❸ プレートの動きの実測

　近年では，人工衛星を使って，異なるプレート上にある2点間の距離を毎年測定することができます。これによって，プレートの移動速度や移動方向を正確に求めることができるんですよ。

　具体的には，携帯電話やカーナビなどに利用されている **GPS**（全地球測位システム）を使います。GPSを使えば，自分の位置を正確に求めることができますね。

練習問題

　次の図のプレートP，Q，R上にあるA〜D地点の2地点間の距離はどのように変化するかを述べた文として最も適当なものを，下の①〜⑤のうちから1つ選べ。ただし，海嶺ではプレートQ，Rが生産され，東西方向に移動しており，海溝ではプレートQがプレートPの下に沈み込んでいる。また，プレートPはプレートQ，Rに対して動いていないものとする。

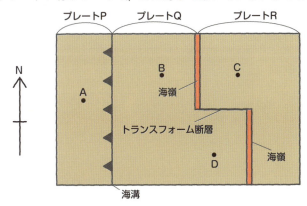

① 　A−B間は遠ざかっている。
② 　A−C間は近づいている。
③ 　B−C間は近づいている。
④ 　B−D間は遠ざかっている。
⑤ 　C−D間は遠ざかっている。

解答　⑤

解説

　右の図にそれぞれの地点の移動方向を矢印で示した。この図からA−B間は近づく，A−C間とB−C間は遠ざかる，B−D間は同じプレートQ上の地点なので変化なし。C−D間は遠ざかっている。

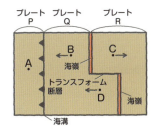

>> 3. マントルの運動

❶ 地球表層の構造

　図3−12のように，低温で硬い岩盤であるプレートの下には，高温で
やわらかく流動しやすい**アセノスフェア**が存在します。プレートは**リソス
フェア**ともよばれ，地殻と，マントルの最上部からなります。その厚さは，
大陸部では100 〜 250 km程度，海洋部では数十〜 100 km程度です。リ
ソスフェア（プレート）はやわらかいアセノスフェアの上を移動するんです
よ。

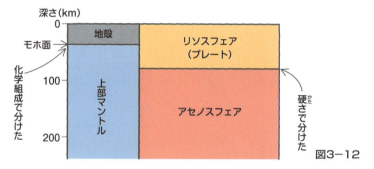

図3−12

　　　　　ちょっと待ってください！　地殻とマントル，
　　　　リソスフェアとアセノスフェア，何が違うの？？

　地殻とマントルの境界（モホ面）は，岩石の種類（化学組成）が異なる境界
を表しています。地殻が花こう岩質岩石や玄武岩質岩石からできているの
に対し，マントルがかんらん岩質岩石からできていることは，p.42の**図2
−2**や**図2−3**で説明しましたね。

　一方，**リソスフェア（プレート），アセノスフェアの境界は，硬さの異な
る境界を表している**んですよ。

　　　　　　分けかたを変えただけですか。
　　　　リソスフェア（プレート）は，地殻とマントルの
　　　　すごく上の部分のことをさしているんですね。

| プレートと地殻 |

プレート＝地殻＋マントル最上部＝リソスフェア
（地殻＝プレート，マントル＝アセノスフェアではない！）

❷ プルーム

　マントルは長い期間で見ると，**図3−13**のように上下方向にゆっくりと対流しています。上昇流の部分を**プルーム（ホットプルーム）**（赤い矢印の部分），下降流の部分を**コールドプルーム**（青い矢印の部分）とよびます。地表で見られるプレート運動は，このような**マントル対流**の一部なんですよ。

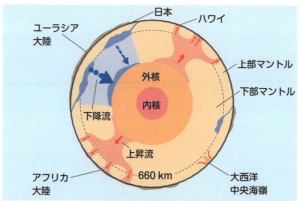

図3−13

マントルは，そもそもなんで対流するんですか？

　マントル内はどこでも同じ温度ではなくて，表層ほど低温で深部ほど高温なんです。**低温の物質は密度が大きく，高温の物質は密度が小さい**ことは，わかりますか？　たとえば，お風呂にお湯を張っておくと，上が暖かく，下が冷たくなりますよね。これは暖かいお湯のほうが，冷たい水より密度が小さいので，上に上がることから起こる現象なんです。だからマントル深部の熱い部分が上昇し，マントル表層の冷たい部分が下降して対流するんですよ。

　　　　図3−13 を見ると，下降する場所や上昇する場所は，
　　　　何か限られているような気がするんですが……。

　そうですね。コールドプルームを見てみると，日本のような島弧−海溝系で，**プレートが沈み込んだ先に下降流ができていると考えられています**。これは，低温で密度が大きなプレートがマントル内に沈んでいくことを表しているんですよ(p.49, 50)。そして，**上昇流が地表に達する場所ではホットスポットが形成されます**。p.55, 56でホットスポットの例にあげたハワイ島が，上昇流のところにありますね。

練習問題

　地球表層から深部について述べた文として最も適当なものを，次の①〜④のうちから1つ選べ。

①　リソスフェアは地殻のことを表す。
②　中央海嶺から離れるほど，海底の水深は浅くなっていく。
③　核の対流がプレートの移動に大きく影響している。
④　ホットプルーム上の地表では，ホットスポットが形成される。

解答　④

解説

①　リソスフェアは地球表層の硬い岩盤で，地殻とマントル最上部にあたる部分である。よって，誤り。
②　海洋のプレートは海嶺から離れるほど冷えて低温となり，密度が大きくなって最終的には海溝から沈み込んでいく。したがって，中央海嶺から離れるほど海底は沈んでいき，水深は深くなっていく。よって，誤り。
③　プレートの移動はマントルの対流が大きく影響している。よって，誤り。
④　正しい。

地震

>> 1. 地震と断層

① 地震の発生と断層

　地震は，地下にある岩盤が破壊されることによって発生する大地の揺れです。岩盤が破壊されて，ずれを生じたものを**断層**といいます。

　では，次の**図4-1**で，断層が生じ，地震が起こるしくみを説明します。

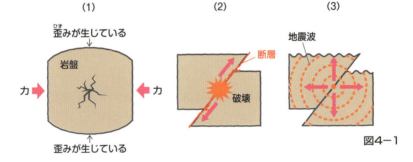

図4-1

⑴　地下にある岩盤が力を受けると，変形して歪みが生じる。

⑵　歪みが限界に達すると岩盤が一気に破壊される。このとき**断層**が形成される。

⑶　破壊のときに放出されたエネルギーが**地震波**となって，地球内部を四方八方に伝わり，地面を揺らす。

　　地震波となって伝わるって，ピンとこないんですが……。

　静かな水面に石を投げ込むと，波が同心円状に広がって水面の揺れが伝わりますよね。そういうイメージです。石を投げ込んだところを，地震が起こった点(**震源**)と考えましょう。

❷ 断層の種類

断層は岩盤のずれ方によって，正断層，逆断層，横ずれ断層の3つに分類されます。それぞれをくわしく見ていきましょう。

(1) **正断層**：岩盤に水平方向に伸長力(引っ張る力)がかかるとき生じる断層で，**上盤**がずり下がり，**下盤**はずり上がります(**図4−2**)。

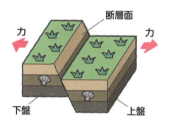

図4−2

「上盤が下がって，下盤は上がる」？
上盤とか下盤って，いったいなんですか？

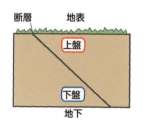 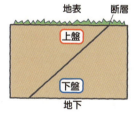

図4−3

わかりやすいように，断層面を一度，ずれる前に戻して，くっつけてみましょう。岩盤は**図4−3**のように断層面を境に2枚に分かれていますね。断層を挟んで，地表側にある岩盤を上盤，地下の側にある岩盤を下盤というんですよ。

そういうことですか！
たしかに正断層では，上盤がずり下がって
下盤がずり上がっていますね。

(2)　**逆断層**：岩盤に水平方向に圧縮力（押し縮める力）がかかるとき生
　じる断層で，上盤がずり上がって，下盤はずり下がります（**図4-4**）。
　力の向き・岩盤のずれかたが，正断層の逆ですね。

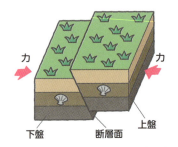

図4-4

(3)　**横ずれ断層**：水平方向に動く断層で，**圧縮力のはたらく方向に対
して断層は約 45°の方向に形成されます**（図4-5）。

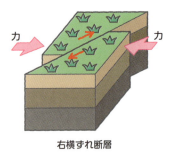
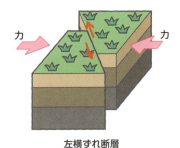

右横ずれ断層　　　　　　左横ずれ断層
力の向きと，ずれの向きは，約45°になる

図4-5

図4-5の右横ずれ断層と左横ずれ断層の違いが
よくわからないのですが……。

図4−6

　たしかにわかりにくいところですので，説明しますね。**図4−5**を，少し回転させたのが**図4−6**です。

　ずれる前の状態から考えます。断層で分かれる2つの岩盤にそれぞれ人が立っていると考えてみましょう。横ずれ断層が起こったときに，その人が「向かい側の岩盤が右にずれた！」と見えたら，右横ずれ断層，「向かい側の岩盤が左にずれた！」と見えたら左横ずれ断層です。

　そっか！　岩盤に立っている人の視点で，「向かい側がどっちに動いたか」を考えるんですね。

③ 余震域

　規模の大きな地震（**本震**）が起こったあと，本震の起こった場所付近で数多く起こる，本震より規模の小さな地震を**余震**といいます。

　余震の起こった地域を**余震域**といい，これは地震を起こした断層の領域（震源域）とよく一致します。したがって，余震の分布から震源断層の範囲を知ることができるんです。例として，1995年に起こった兵庫県南部地震の余震分布（**図4−7**）をあげます。震源断層の領域がわかりますか？

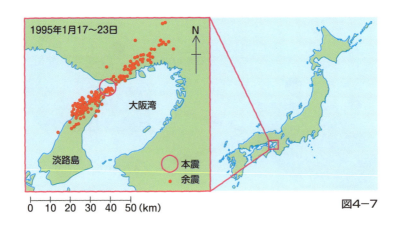

図4−7

北東から南西方向にかけて，
長さは 50 〜 60 km くらいかな？

そうですね。よくできました！

練習問題

次の図のように，砂をかためた地盤を用意し，北東と南西方向から圧縮力をかける実験を数回行った。その結果，ほぼ東西か南北方向に横ずれ断層が生じた。断層が生じた方向と横ずれ成分の組合せア～エのうち正しいものを，次の①～④のうちから1つ選べ。

ア　断層が東西方向に生じた場合，左横ずれ断層となる。
イ　断層が東西方向に生じた場合，右横ずれ断層となる。
ウ　断層が南北方向に生じた場合，左横ずれ断層となる。
エ　断層が南北方向に生じた場合，右横ずれ断層となる。
①　アとウ　　②　アとエ　　③　イとウ　　④　イとエ

解答　②

解説

圧縮力のはたらく方向に対して，断層は約45°の方向に形成されるので，東西方向か南北方向の断層となる。

次の左図のように断層が東西にできた場合は左横ずれ断層，右図のように南北にできた場合は右横ずれ断層になる。

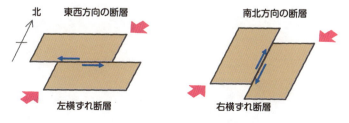

>> 2. 震源の決定

① 地球内部を伝わる地震波

　図4−8のように，地震計の記録を見ると，地震の揺れは2種類あると
わかります。はじめに小さな揺れ（**初期微動**），そのあとに大きな揺れ（**主
要動**）がやってきます。これはみなさんも経験として，知っていますよね？

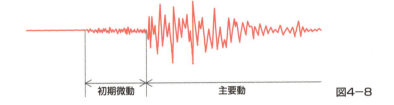

初期微動　　　　　　　主要動　　　　　　図4−8

> たしかに！　「あれ，地震かな？」と思っていると，
> そのあとに大きく揺れますよね。
> でも，なんで2種類の揺れがあるんですか？

　地球内部を伝わる地震波は2種類あって，観測点にはじめに到達する波
を **P波**，次に到達する波を **S波** といいます。P波のほうがS波より速度
が大きく，**初期微動を起こす地震波が P波，主要動を起こす地震波
が S波**なんです。P波とS波の到着時刻の差を **初期微動継続時間（P
−S 時間）** というんですよ。参考としてP波とS波の特徴を表でまとめ
ておきますね。

種類	P 波	S 波
地表付近の速さ	5.8 〜 7.0〔km/s〕	3.0 〜 4.0〔km/s〕
性質	縦波 進行方向に対して平行に振動 地盤の伸び縮みによって伝わる 伝播方向 ⟶ ⟷ 振動方向	横波 進行方向に対して直角に振動 地盤のねじれによって伝わる 伝播方向 ⟶ 振動方向 ↕

図4−9

② 震源距離の決定

　地震が発生した地下の点を**震源**，震源の真上の地表の点を**震央**とよびます。震源と震央の距離を**震源の深さ**，そして震源から観測点までの距離を**震源距離**，震央から観測点までの距離を**震央距離**といいます。

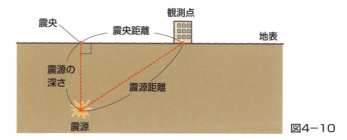

図4-10

　ここで震源距離と初期微動継続時間の関係性を調べてみましょう。

　P 波の速度を V_p(km/s)，S 波の速度を V_s(km/s)，初期微動継続時間を T(s)として……

　ちょっと待ってください！　速度の単位の km/s ってどういう意味ですか？

　km/s は 1 秒間に何 km 進むかを表した秒速です。たとえば P 波の速度が 7 km/s ならば，1 秒間に波が 7 km の距離を進むことを表すんですよ。

補足

地震波の秒速 7 km がいかに速いかを考えてみましょう。プロ野球の投手が投げる剛速球は時速 150 km ほど。これを秒速に直すと秒速 42 m。ケタが違いますね。

　では，P 波の速度を V_p(km/s)，S 波の速度を V_s(km/s)，震源距離 D(km)と初期微動継続時間 T(s)の関係性を調べます。

　手順(1)〜(5)を理解しておきましょう。

(1)　観測点に P 波が到達するまでの時間 t_p　　　$t_p = \dfrac{D}{V_p}$(s)

(2)　観測点に S 波が到達するまでの時間 t_s　　　$t_s = \dfrac{D}{V_s}$(s)

(3)　初期微動継続時間 T（P 波到達から，S 波到達までの時間）

$$T = t_s - t_p = \dfrac{D}{V_s} - \dfrac{D}{V_p}$$

(4) この式を変形すると

$$T = \frac{DV_p - DV_s}{V_p \times V_s} = \frac{V_p - V_s}{V_p V_s} D \qquad D = \frac{V_p V_s}{V_p - V_s} T$$

(5) ここで $\dfrac{V_p V_s}{V_p - V_s}$ を k とすると $\qquad D = kT$ となります。

この式を**大森公式**といいます。

(1)〜(3)は，与えられた文字から，初期微動継続時間 T を
求めていますよね。そこまではわかりました。
(4), (5)で式を変形するのはなぜですか？

D（震源距離）と T（初期微動継続時間）が比例関係にあることを示したかったんです。大森公式 $D = kT$ は，初期微動継続時間 T が長いほど，震源距離 D が長く，遠い場所で起こった地震であることを示しています。また，k の値は約 6〜8 km/s とわかっているので，初期微動継続時間がわかると震源距離を求めることができるんですよ。たとえば，ある地点での初期微動継続時間 T が 8 秒だったとすると，$D = kT$ から，震源距離は 48〜64 km とわかるのです。

k の値がわかっているなら，$D = kT$ は
計算がラクになっていいですね。

k が数値で与えられなくても，$k = \dfrac{V_p V_s}{V_p - V_s}$ を覚えておくと問題をラクに

解けますよ。「下（分母）は引き算，上（分子）はかけ算」と覚えましょう。

Point!

震源までの距離の公式	

・大森公式：$D = kT$

$$k = \frac{V_p V_s}{V_p - V_s}$$

・D と T は比例関係にある

・k は約 6〜8 km/s

D：震源距離
T：初期微動継続時間
V_p：P 波の速度
V_s：S 波の速度

練習問題

　ある地点で地震の揺れを感知したとき，初期微動継続時間が 15 秒間で
あった。地殻を伝わる P 波の速度を 6 km/s, S 波の速度を 3 km/s とすると，
この地点の震源距離は何 km か。最も適当な数値を，次の①〜④のうちか
ら 1 つ選べ。

①　30 km 　　②　60 km 　　③　90 km 　　④　120 km

解答　　③

解説

$V_p=6$, $V_s=3$, $T=15$ を大森公式 $D=\dfrac{V_p V_s}{V_p - V_s}T$ に代入する。

$$D=\frac{6\times3}{6-3}\times15=90 \qquad\qquad 90\ \text{km}$$

③ 震源の決定方法

> 震源距離は大森公式 $D=kT$ から求めるとわかりました。
> 震央や震源の位置，震源の深さなどについて，
> 覚えておいたほうがいいことはありますか？

共通テストを受けるにあたり，知っておきたいのは，次の 2 つです。
　(1)　震源距離・震央距離・震源の深さの関係
　(2)　3 つの観測点から図示する，震源の位置・震央の位置について
この 2 つを 1 つずつ見ていきましょう。

⑴ 震源距離・震央距離・震源の深さの関係

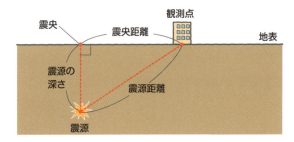

　上の図は p.71 の**図４−10**を再掲したものです。震央距離が 40 km, 初期微動継続時間が 6.25 秒のとき, 震源距離と震源の深さは何 km でしょうか。ただし, 大森公式 $D=kT$ において, $k=8.0$ km/s とします。

震源距離 D は大森公式からわかるわ。
震源の深さは……, 三平方の定理で求めるのかしら？

　その通りです。まずは震源距離を求めましょう。$D=kT$ で $k=8.0$ km/s, $T=6.25$ s なので

　　$D=kT=8.0×6.25=50$〔km〕

　次に三平方の定理から, 震源の深さ x〔km〕を求めます。

　　（震源距離）$^2=$（震央距離）$^2+$（震源の深さ）^{2} なので

　　$50^2=40^2+x^2$

　　$x=\sqrt{50^2-40^2}=\sqrt{900}$

　　$x>0$ より　$x=30$〔km〕

　だいたい地学基礎の計算問題に出る直角三角形は, ３辺の比が
5：12：13 か 3：4：5 の, 有名な直角三角形であることが多いです。今回の問題も "3：4：5" でしたよね。

あ, 本当だ！　30 km：40 km：50 km＝3：4：5 だわ。

　直角三角形で，斜辺とほかの１辺の比が 50：40 = 5：4 とわかったので，「残りの１辺は "3" にあたるから，30 km だ！」と考えると早く解けますよ。

> ### 震源距離・震央距離・震源の深さ
>
> **Point!**
>
> ・大森公式：$D = kT$ から震源距離 D を求める。
> ・震源の深さ（または震央距離）を求めるときは，三平方の定理を使う。

⑵　3つの観測点から図示する，震源の位置・震央の位置について

　ここはちょっと難しいので，図をよく見ながら理解してくださいね。

　観測点 A，観測点 B，観測点 C の 3 つの観測点で，それぞれ地震を感知し，初期微動継続時間を測定したとします。

　まず，観測点 A での初期微動継続時間から，大森公式を用いて震源距離 D_A を求めます。そして，立体的に考えて，観測点 A を中心に地下へ向けて，右のように半径 D_A の半球をかきます。そうすると，この半球の表面上のどこかが，震源ということですね。

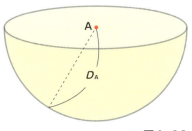

図4−11

　　求めた震源距離 D_A で半球をかいたから，表面のどこかが震源ということか。でも，これでは震源の位置を特定したことにはならないですね。

　そうですね。次に，観測点Bでの初期微動継続時間から，大森公式を
用いて震源距離D_Bを求め，同様に観測点Bを中心に半径D_Bの半球をか
きます。そうすると，2つの半球が交わる部分（**図4−12**の赤い点線部分）
ができますね。この部分は観測点A，Bからの震源距離の条件をどちらも
満たすということですので，この部分のどこかが，震源であるとわかります。

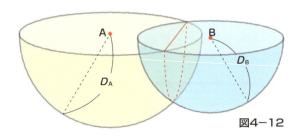

図4−12

さっきより少し震源の位置がしぼれてきましたね。

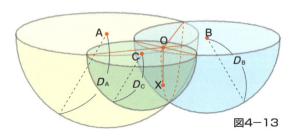

図4−13

　そして，最後に観測点Cでの初期微動継続時間から，大森公式を用い
て震源距離D_Cを求め，同様に観測点Cを中心に半径D_Cの半球をかきます。
そうすると，3つの半球が交わるのは点Xだけになります。この点Xは観
測点A，B，Cからの震源距離の条件をすべて満たすので，これが震源の
位置です。
　そして震源の真上の点Oが震央の位置ですよ。
　複雑に見えますが，1つひとつ理解していけば，理屈はわかりますよね。

そうですね。問題で立体図が与えられても驚かないようにしましょう。

　震央の位置だけであれば，平面で円を３つかいても求められます。

　図4−14 を見てください。左の図は，観測点 A，B，C から，震源距離を半径とした円をかいたものです。それぞれ重なる部分がありますね。

　右の図は２つの円が重なった部分の，弦を引いたものです。弦は３本引くことができますが，３本の弦は１点で交わり，その交わった点が震央 O の位置になるんですよ。

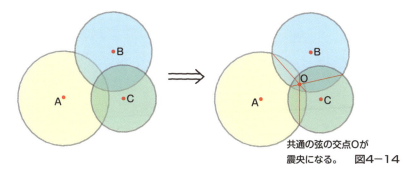

共通の弦の交点Oが
震央になる。　図4−14

Point!

| 震源・震央の決定 |

・３つの観測点から，それぞれの震源距離で半球をかくと，交点が震源の位置となる。
・地表平面上で３つの円をかき，重なった部分に引ける３本の弦の交点が震央の位置となる。

>> **3. 初動と押し引き分布**

① 断層運動と初動

　地震波のうち，はじめに到着する波はP波でしたね。P波が到着して起こる最初の地表の動きを初動といいます。初動を調べると，地震を起こした断層が地下でどのような動きをしたのかまた，地下で地震を起こす力がどのようにはたらいたかも教えてくれます。

初動で，地面はどんな動きをするんですか？

　地震が起こったとき，最初にドンと突き上げるような上への動きと，引き込まれるような下への動きがあります。

なぜ，そのような動きをするんですか？

⑴　p.70 **図4－9**で説明しましたが，初動を伝えるP波は，地下の地盤の**伸び縮み**によって伝わる波でしたね。**図4－15**のように地震が起こる前，断層を挟んで2つの正方形の土地があったとします。

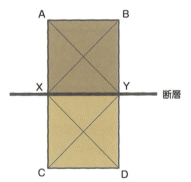

図4－15

⑵　断層の両側の土地に，左右の方向に力が加わると**図4－16**のように正方形の土地が変形します。このとき，辺B₁Xと辺C₁Yは**伸び**，辺A₁Yと辺D₁Xは**縮み**ます。

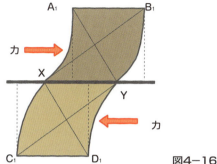

図4－16

(3) 地震が発生して断層に沿って地盤がずれると，**図4－17**のように変形していた2つの土地は正方形に戻ります。このとき，伸びていた辺B_1Xと辺C_1Yは急に縮んで辺B_1X_2と辺C_1Y_2となって，矢印bや矢印cの方向に地震波を送り出します。この波は震源から遠ざかる方向に送り出されることから「押し波」といいます。縮んでいた辺A_1Yと辺D_1Xは急に伸びて辺A_1Y_1と辺D_1X_1となって，矢印aや矢印dの方向に波を送り込みます。この波は震源に近づく方向に送り込まれることから「引き波」といいます。

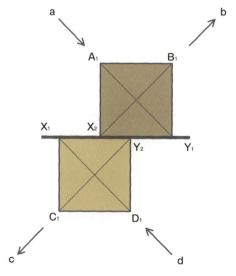

図4－17

辺 BX や辺 CY の動きは，両手にゴムを持って伸ばして，片手のゴムをパチンと放したときに似ていますね。

　そんな感じです。これらのことから，**図4－18**のような横ずれ断層（右横ずれ）の場合，押し波と引き波の領域がきれいに4つに分かれることになります。押しの波の初動は震源の方向からドンと突き上げるような上への動き，引きの波の初動は震源の方向へ引き込まれるような下への動きに対応するんですよ。このような分布を『押し引き分布』といいます。

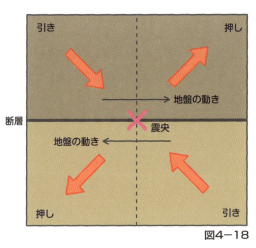

図4－18

Point!

| 押し引き分布 |

・押し波：震源から遠ざかる方向に送り出される波。初動は上への動き。
・引き波：震源に近づく方向に送り込まれる波。初動は下への動き。
・押し引き分布：震源断層の伸びる方向の直線と，それに直交して震央を通る直線で区切られた4つの領域に，押し引きが交互に分布する。

❷ 初動の向きと断層にはたらく力

⑴　地震計の記録

　地震計に記録された3方向（南北, 東西, 上下）の初動を合成して求めます。

何で3方向になるんですか？

　たとえば，押しの波を考えた場合，**図4−19**のように観測者から見て南西の地下の方向に震源（×印）があったとします。震源から観測者に向かって押し波がやってきます。

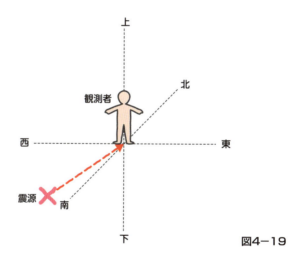

図4−19

図4−20のように，観察者が感じるはじめの振動（初動）は，→ の方向に突き上げられるように感じます。

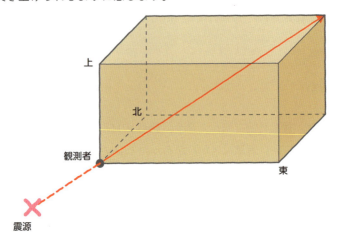

図4−20の → を横方向（東西），奥行き方向（南北），縦方向（上下）方向に分解すると，図4−21の → で表す東，北，上方向に分解することができます。

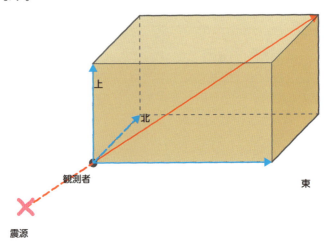

納得しました!

　これを地震計の記録で表したものが，**図4-22** になります。初動(は
じめの揺れの部分)に注目してください。

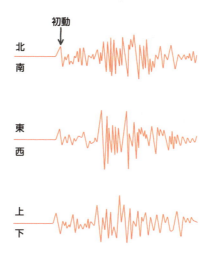

図4-22

　この地震計の初動の記録だけを見て，観測者から見てどの方向に震源が
あるのか推定できるかな？

初動が北に揺れながら東にも揺れているので北東の揺れ。
また，初動が上なので押しの波。
だから，北東に向かって押し上げられているので，
震源の方向はその反対の南西の下の方向になります。

　よくできました。実際には1つの地震についていろいろな位置にある地
震計の記録から押し引き分布を地図上に作成して，震源の位置や地震を起
こした断層の動きや力のはたらき方を推定することができるんです。

⑵　押し引き分布と力の方向

　では，実際の地震の押し引き分布を見てみましょう。

　図４−23 は 1995 年に発生した兵庫県南部地震の押し引き分布を表したものです。

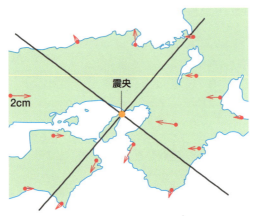

図4−23

　この図の押し引きを分ける 2 本の線のうち，どちらかが震源断層の方向と一致します。

震源断層の方向はどうやって知るんですか？

　震源断層が地震断層として地表に現れればわかりますが，地表に現れていない場合は，余震分布から知ることができます。余震については，p.67 と p.68 を見てくださいね。兵庫県南部地震の断層の方向は，北東から南西方向に伸びています。引きの領域は震源に向かう方向に地盤が動くため圧縮力，押しの領域は震源から離れる方向に地盤が動くため伸張力 (引っ張りの力) がかかります。これらのことから，**図４−23** の押し引き分布より，**図４−24** のように断層の動きを知ることができます。

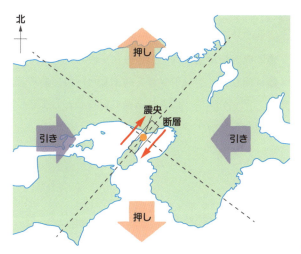

図4−24

兵庫県南部地震の断層の種類はわかるかな？

p.67 で勉強したのでわかります！　断層を挟んで反対側の
岩盤が右に動いているので，右横ずれ断層です。

正解！

Point!

| 断層にはたらく力と押し引き分布 |

押し波の領域は伸張力，引き波の領域は圧縮力がかかる。

練習問題

　次の図は，鳥取県西部地震の押し引き分布を表したもので，×は震央の位置を表し，●は押し波，○は引き波を観測した地点である。この図についての会話文の　ア　～　ウ　に入れる語の組合せとして最も適当なものを，下の①〜④のうちから１つ選べ。

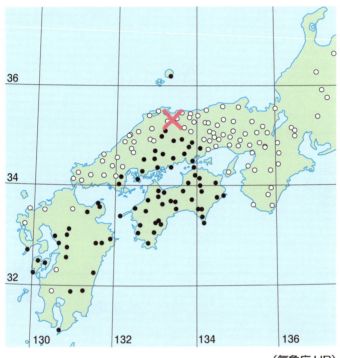

（気象庁HP）

ジオ君　　　この地震の震源がすごく浅くて，震源断層は横ずれ断層だったそうだよ。

ボルカさん　押し引き分布から，震源断層の方向は　ア　または，　イ　が考えられますね。

ジオ君　　　もし，震源断層の方向が　ア　だった場合，左横ずれ断層になるよね。

	ア	イ
①	北東－南西	北西－南東
②	北西－南東	北東－南西
③	東－西	北－南
④	北－南	東－西

解答　②

解説

　下の図のように，押し引き分布から 4 つの領域に分けることができ，断層の方向は北西－南東または北東－南西のどちらかになる。圧縮力は東西方向であるため，断層の方向が北西－南東の場合は左横ずれ断層，北東－南西の場合は右横ずれ断層である。

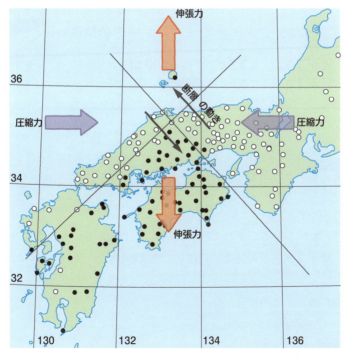

（気象庁 HP）

>> 4. 地震の大きさ

① マグニチュード

> 数値が大きいほど，大きな地震なのはわかるのですが，
> マグニチュードと震度はどう違うんですか？

　まずはマグニチュードについて説明します。**地震によって放出される
エネルギーの大きさ**（地震の規模）**の目安となる数値**を**マグニチュード**と
いいます。

　かつては震央から一定の距離で測定した，地震動の最大振幅をもとに決
定していました。現在では，地震のときの地面の動きから，直接地震のエ
ネルギーを計算することで求めています。

　マグニチュード M とエネルギー E の関係は，次のようになります。

Point!

　マグニチュード M とエネルギー E の関係

・M が 2 大きくなるごとに E は 1000 倍
・M が 1 大きくなるごとに E は約 32 倍

> M が 2 大きくなるとなぜ E は 1000 倍になるんですか？
> M が 1 大きくなると E は 32 倍なので，32＋32＝64 倍
> にはならないんですか？

　M が 1 大きくなるごとに，E は $\sqrt{1000}$ 倍（≒32 倍）大きくなります。
だから M が 2 大きくなると，E は $\sqrt{1000} \times \sqrt{1000} = 1000$ 倍大きくなるん
ですよ。

（例）　$M=5$　，　$M=6$　，　$M=7$

$\sqrt{1000}$ 倍　　$\sqrt{1000}$ 倍

1000 倍

❷ 震度

各地の揺れの強さの程度を震度といいます。日本では震度は気象庁によって定められており，**0 ～ 7 の 10 段階に分けられている**んですよ。

震度が 0 ～ 7 なら 8 段階
じゃないんですか？

震度は 5 と 6 がそれぞれ弱と強に分かれているので，次のように 10 段階になります。

（0，1，2，3，4，5 弱，5 強，6 弱，6 強，7）

練習問題

ある地震のマグニチュードが 9 であった。この地震はマグニチュード 6 の地震何個分のエネルギーを放出したことになるか。最も適当な数値を，次の①～④のうちから 1 つ選べ。

①　100 倍　　②　1032 倍　　③　3000 倍　　④　32000 倍

解答　④

解説

マグニチュードが 3 大きくなっている。マグニチュードが 2 大きくなるとエネルギーは 1000 倍，1 大きくなると約 32 倍になることから，
$1000 \times 32 = 32000$〔倍〕　となる。

$32 \times 32 \times 32 = 32768$〔倍〕 として，近い値の④を選んでもよい。

>> 5. 日本列島の地震

① 日本列島のプレート分布

　日本列島付近には4枚のプレートが存在し，**図4-25**のようなプレート境界を形成しています。p.53の世界のプレート分布の**図3-7**も参照してくださいね。

図4-25

　この図から太平洋プレートが北アメリカプレートの下に，フィリピン海プレートがユーラシアプレートの下に沈み込んでいることがわかりますね。その境界に**海溝**が形成されているんですよ。p.49で説明したように，海洋プレートのほうが大陸プレートより密度が大きいことが原因で，沈み込みが起こります。

> 日本は複雑なプレート境界にあるんですね！
> **図4-25**の中のプレート境界に，トラフって言葉があるんですが，これはなんですか？

　トラフとは，海溝より少し浅い（水深6000mより浅い）海底のくぼ地のことです。海溝とほぼ同じように，プレートの沈み込みによってつくられた地形なんですよ。

❷ 地震の分布

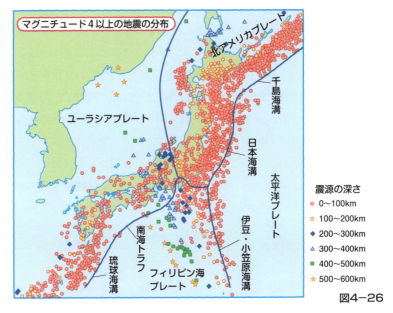

図4−26

　プレート境界で地震が発生することは Theme 3 で学習しましたね。複雑なプレート境界にある日本列島付近で発生する，地震の分布と震源の深さは，**図4−26** のようになっています。**図4−26** から日本列島の地震のタイプは，次の3つに分けられます。

タイプＡ：海溝やトラフに沿って分布している震源の深さが浅い(0～100 km)地震。

タイプＢ：海溝に平行に，少し陸側へ離れたところで起こる，震源の深さが深い(100 km 以上)地震。

タイプＣ：日本列島全体に分布する，震源の深さが浅い(0～100 km)地震。

　それぞれのタイプには，どのような違いがあるんですか？

　それは，次ページから説明していきますね。

❸ 3つの地震のタイプ

⑴ プレート境界地震（海溝型地震）

　海溝やトラフ付近のプレート境界の陸側で起こる地震で、タイプ A の震源の深さが 0 〜 100 km の地震にあてはまります。まず**図4−27**のように、**沈み込む海洋プレートに引きずり込まれて陸側のプレートが変形**します。そして**図4−28**のように、**反発して元に戻るときに、海洋プレートと陸側のプレートの接触部に沿って破壊が生じ、地震が発生する**んですよ。このタイプの地震は規模が非常に大きく、マグニチュードが 8 を超える地震（巨大地震）もしばしば起こり、比較的短い周期で発生することが特徴なんです。2011 年に発生した東北地方太平洋沖地震もこのタイプの地震なんですよ。

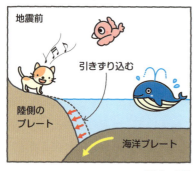

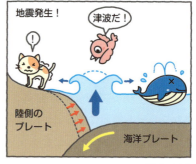

図4−27   図4−28

　プレート境界地震が発生すると海底が大きく変形するため、**津波**が発生しやすいことも覚えておいてください。

⑵ 深発地震（海洋プレート内地震）

　沈み込む海洋プレートの上面および内部で帯状に起こる、震源が深い地震です。タイプ B の震源の深さが 100 km 以上の地震にあてはまります。海溝から大陸に向かって震源が深くなっていきます。この地震の震源は、深さ 700 km くらいまで続いています。

⑶ 内陸地殻内地震（大陸プレート内地震）

　日本列島全体に分布する震源の浅い地震で、タイプ C にあてはまります。

海洋プレートからの圧縮力によって，**陸側のプレート内で岩盤が破壊されて起こる地震**です。活断層がくり返し活動して発生する場合が多いです。都市の直下で発生したものを直下型地震といい，地震の規模はプレート境界地震より小さいことが多いのですが，1995年の兵庫県南部地震のように大きな被害を出すことがあります。

活断層ってよく耳にするんですが，どんな断層なんですか？

　活断層とは，最近数十万年間にくり返し活動した断層で，今後も活動する可能性の高い断層のことをいいます。日本には2000本以上の活断層があるといわれているんですよ。

　図4−29は日本の東北地方付近の東西断面における震源分布を表したものです。3つのタイプの地震の発生場所がよくわかりますね。

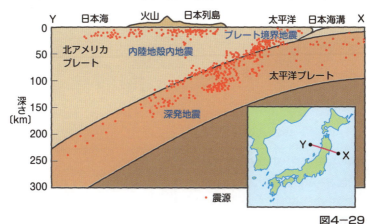

図4−29

Point!

| 地震の種類 |

日本の地震のタイプ：プレート境界地震，深発地震，
　　　　　　　　　内陸地殻内地震

深発地震について

　地震は硬いプレート（リソスフェア）内で発生し，その下にあるやわらか
いアセノスフェアでは起こりません。これは，硬いものに力が加わると破
壊されて地震が発生するのに対して，やわらかいものは破壊されずに変
形するだけだからです。

　ここで，プレートの厚さを思い出してください。平均の厚さは p.60 の図
3−12 で学習した約 100 km でしたね。つまり，ふつうは深さ 100 km よ
り深いところでは地震は起こりにくいんです。

　しかし，地球には深さ 100 km より深いところでも地震が起こる地域が
あります。図4−30 に世界の深発地震の分布を示しました。p.53 のプレー
ト分布の図3−7や，震源が 100 km より浅い地震分布の図3−8と見比
べながら考えてみましょう。

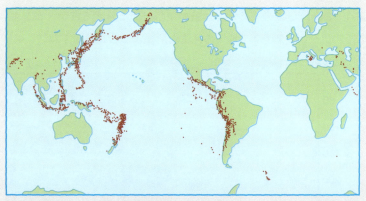

世界の地震分布（100 kmより深い地震）　　　　　　　　　　　　　　　図4−30

　図3−8より図4−30 のほうが，地震の数が少ないですよね。でも，
地図中の日本は点でつぶれて見えません。そこで図3−7と図4−30 を
比較すると，図4−30 の深発地震分布は，図 3−7 のプレートの収束
境界に一致しています。

　プレートの収束境界では，p.93 の図4−29 のように，大陸プレート
の下に海洋プレートが沈み込むことによって，ふつうアセノスフェアがある
深さにも，硬いプレートが存在します。だから力がかかると岩盤が破壊さ
れて，震源の深さが 100 km 以上の深発地震が発生するんですよ。

練習問題

　ボルカさんは，日本列島で発生する地震についての過去の資料を調べて，レポートにまとめた。このレポートで下線部ア〜エのうち誤っている記述が見つかった。その記述として最も適当なものを，次の①〜⑥のうちから1つ選べ。

レポートの一部

> 東北地方太平洋沖地震のようなプレート境界地震は，ア太平洋側のほうが日本海側より発生しやすい。熊本地震のような内陸地殻内地震は，イマグニチュード8を超えるような巨大地震の発生はまれである。震源の深さが100 kmを超えるような深発地震は，ウ震源が太平洋側から日本海側に向かって深くなり，エ津波を起こしやすいことがわかった。

① ア　　② イ　　③ ウ　　④ エ　　⑤ アとエ　　⑥ イとウ

解答　④

解説

ア　海洋プレートが沈み込んでいる場所は太平洋側で，日本海には海溝やトラフは存在しないので，日本海側ではプレート境界地震は発生しにくい。したがって，正しい記述である。

イ　マグニチュード8を超えるような巨大地震の多くは，プレート境界地震である。したがって，正しい記述である。

ウ　**図4−29**より正しい記述である。

エ　津波は，海底に震源域がある震源が浅く規模の大きな地震によって発生するため，誤りである。

Chapter 2
地球の歴史 ～大昔の地球はどうやって調べるの？～

Chapter 2 では，まず地球の表面をつくっている岩石について勉強していきます。岩石はどうやってつくられるのか知っていますか？

川原とかには，いっぱい石がありますね。

上流のほうへ行くほど大きな岩などがあるので，山でつくられたのかな？　火山とか……。

溶岩や軽石（かるいし）という言葉は聞いたことがありますね。これらは，地球内部から噴出する高温のマグマが冷えて固まった岩石なんです。

すべての岩石が，マグマからできたんですか？

いいえ，そうではありません。岩石は大きく分けて"火成岩"，"堆積岩（たいせきがん）"，"変成岩"の 3 種類があります。

"火成岩"は"火から成る岩"とかかれているように，地下にある高温のマグマが冷えて固まったもので，溶岩や軽石もこの仲間に入ります。

"堆積岩"は"積もってできた岩"と読めるように，火成岩などが，雨や風によって削られ，バラバラになったもの（砕屑物（さいせつぶつ）という）が河川（かせん）などによって運ばれ，海底などに積もってできた岩石のことなんです。

積もっただけで硬い岩石に変わるんですか？

　まず，砕屑物が海底などに積もって地層を形成します。その地層の上に，ほかの地層が重なることで，重みによって固まり，岩石に変わるんです。これを続成作用といいます。

　おむすびを堆積岩にたとえてみるとわかりやすいですよ。お米が砕屑物，手で加える力が地層の重みです。しっかり固まりますよね。

よくわかりました。

　"変成岩"は"変化した岩石"とかかれているように，堆積岩や火成岩などが，地下深くで固体のまま違う岩石に変化してしまったものです。

固体のまま変化って想像できないんですが……。

　焼き物のお茶わんやお皿をイメージしましょう。まずは粘土をこねて，形をつくりますね。それを炉に入れて高温で焼くと，形はそのままで，もとの粘土とは硬さや色がまったく違ったものができるでしょう？　変成岩もこのようなメカニズムでつくられるんです。

理解できました！

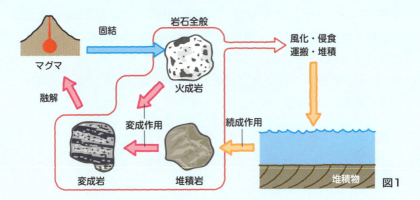

図1

　"火成岩"，"堆積岩"，"変成岩"の3種類の岩石のつくられかたは上図のようになっています。

　マグマをスタートとすると，そのマグマが冷えて固まった火成岩になります。それがバラバラに砕かれ(風化・侵食)，そして運ばれて(運搬)，海底などに積もって(堆積)，その後，堆積物が固まって(続成作用)，堆積岩になります。そして，堆積岩などがプレートの沈み込みなどによって，高温・高圧の条件下で変成岩になります。変成岩がさらに高温の条件になると岩石が溶融してマグマとなるのです。

　　　　　　　　　岩石は循環しているんですね!

　その通り。岩石や水，大気の成分などもみんな循環しています。そして，それらを担っているのが，プレートテクトニクスで，地球が生きている星といわれる理由なのですよ。

　岩石の次には，地球の46億年の歴史を勉強していきます。大昔の地球について，何か知っていることはありますか?

大昔の地球といえば，恐竜がいましたよね。

　恐竜の時代は，2億年前から1億年前くらいの間で，地球の歴史から考えたら，最近のことなんです。

　地球は今から46億年前に誕生して，それから数億年後に生命が発生したと考えられています。そして現在に至るまで，全球凍結や巨大隕石の衝突などのさまざまな地学現象が起きて，何度も生物は絶滅のピンチに直面したんです。しかし，それらのことを乗り越えて生物は進化して，今の私たち，すなわち人類の発展があるんですよ。

恐竜がいた時代が最近なんですか？
では，その前にはどんな生物がいたんですか？
すごく興味が湧いてきました。

　この Chapter の後半では，大昔の生物の話もしていきます。地球46億年の時間旅行をするつもりで，たのしんで勉強していきましょう！

Theme ⑤ 火山と火成岩

>> 1. 火山

❶ 火山噴火のメカニズム

> 火山噴火のとき，マグマが地下深くから
> 上がってくるのはどういうしくみなんですか？

　では，火山噴火の流れを説明します。**図5−1**や**図5−2**を見ながら読み進めてくださいね。

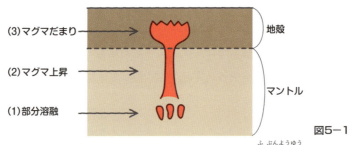

(3)マグマだまり　　　　地殻

(2)マグマ上昇

(1)部分溶融　　　　マントル

図5−1

⑴　地下深くで，マントルを構成しているかんらん岩が部分溶融してマグマが発生します。

> 部分溶融ってどういう意味ですか？

　かんらん岩がすべて融けるのではなく，一部の成分のみが融けることをいうんです。かんらん岩は，いろいろな成分(鉱物)が入り混じってできているので，その中で**融けやすい成分のみが融ける**んですよ。

⑵　マントル内で発生したマグマは，まわりの岩石より密度が小さい(軽い)ため，浮力によって地下を上昇します。

(3)　マグマが地下の浅いところ(地下数 km の地殻内)までくると，まわり
の岩石と同じ密度になって上昇できなくなり，**マグマだまり**を形成しま
す。

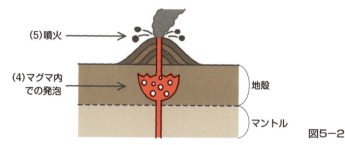

図5-2

(4)　マグマだまりのなかでは，マグマにかかる周りの岩石からの圧力が低
下するため，含まれていた**ガス成分がマグマから分離して発泡**しま
す。

(5)　発泡したマグマは密度が小さくなり，マグマだまりから再び上昇し，
噴火が起こります。マグマだまりにガスが充満すると，その圧力によっ
てマグマだまりの上部の岩盤を割るため，噴火は爆発的になる場合も多
いんですよ。

(4)のマグマだまりでガス成分が発泡って
どういうことですか？

　炭酸飲料の入ったペットボトルをイメージしてください。炭酸飲料は水
に圧力をかけて，二酸化炭素を多量に溶け込ませたものなんです。**図5-
3**のようにペットボトルを開けると「プシュ！」っと音がして，泡が出る
ことがありますよね。これと同じように，マグマに溶けている気体が泡と
なって出る現象だと考えるといいですよ。

図5-3

❷ 火山噴出物

> 火山が噴火するとき，どんなものが出てくるんですか？

　火山噴火によって地表に運ばれてきた物質を**火山噴出物**といい，以下の3種類があります。

⑴　溶岩：**地表に流れ出たマグマを溶岩**とよびます。

ココに注目！

｜ マグマと溶岩 ｜

マグマ＝溶岩ではない！
マグマは地下にある岩石の溶融体で，液体。溶岩はマグマが
地表に流れ出たもので，固体でも液体でもよい。

⑵　火山砕屑物（火砕物）：**噴火の際に飛び散る固体物を火山砕屑物**（火砕物）といいます。これは粒子の直径によって大きい順に，**火山岩塊＞火山礫＞火山灰**に分類されます。また，その形状や性質によって，**火山弾**や**軽石**というふうにも分類されますよ。

> 火山砕屑物ってイメージしにくいんですが……。

　漢字の意味で考えてみるといいですよ。砕屑物の「砕」は「くだく」，「屑」は「くず」と読めます。だから火山噴火によって，溶岩や山の一部がバラバラに砕かれてできるものを示すんですね。

⑶　**火山ガス**：おもに水蒸気（H_2O），その他の成分として二酸化炭素（CO_2），二酸化硫黄（SO_2），硫化水素（H_2S）なども含まれます。

おもに水蒸気なんですね。臭いのある硫黄（S）などが
多く含まれると思っていました。

❸ 噴火活動の種類

噴火って，真っ赤な溶岩を流す場合もあれば，
すごい音をたてて煙を噴き上げる場合もありますよね。
どうしてこのような違いがあるんですか？

　表5－1のように，噴火活動は，マグマの粘性（粘り気），温度，化学組成（二酸化ケイ素 SiO_2 量），ガスの量によって変化するんです。

表5－1　マグマの性質と噴火

マグマ	粘性	低い（流れやすい）	＜	高い（流れにくい）
	SiO_2 量	少ない	＜	多い
	温度	高い	＞	低い
	ガスの量	少ない	＜	多い
噴火活動	噴火の様子	穏やか	←———→	激しい
	溶岩の量	多い	＞	少ない
	火山砕屑物	少ない	＜	多い
火山の傾斜		緩やかな傾斜	←———→	急傾斜

(1)　マグマの粘性：マグマの粘り気を表します。**SiO_2 量が多く温度が低いほど粘性が高く**（ネバネバしている）なり，溶岩が流れにくくなります。逆に **SiO_2 量が少なく温度が高いほど粘性が低く**（サラサラしている）なり，溶岩が流れやすくなるんですよ。

(2)　ガスの量：**マグマの粘性が高いほど，ガスが抜けにくくなる**ため，ガスの量が多くなります。

⑶　噴火活動の違い

・マグマの粘性が低い場合：溶岩が流れやすくなるため，**溶岩流**を多量に出す穏やかな噴火となります。

・マグマの粘性が高い場合：溶岩が流れにくいため，噴火するのに大きな圧力が必要となり，噴出した溶岩が盛り上がることがあります。また，マグマ中に多量に含まれているガスが噴火のとき急に膨張して，**爆発的な噴火になります**。このとき火山砕屑物を大量に噴出しますよ。

> マグマの粘性が高いほど，地下でマグマは噴火するのを我慢するから，それが噴火すると爆発的になると考えていいんですね！

　そう！　その通りです！

　爆発的な噴火が起きた場合，**火山砕屑物と高温の火山ガスが一緒になって，山の斜面を高速で流れ下る**ことがあります。この現象を**火砕流**といいます。火砕流は溶岩流と比べて速度が速い（自動車ほどのスピードが出ます）ので，避難が遅れると多くの犠牲者が出ます。火山に登るときは，火砕流の兆候がないか注意しましょう。

❹ **火山地形**

> 火山にはいろいろな形があるって聞いたんですが，どうして形が違うんですか？

　これは，マグマの粘性と関係が深いんです。p.103 の**表5－1**に示したように，マグマの粘性が低いほど，噴出時の溶岩は流れやすく，大量になるため，緩やかな傾斜の巨大な火山になります。マグマの粘性が高いほど流れにくいため，急傾斜の火山が形成されるんですよ。ここでは代表的な火山地形を説明しますね（**図5－4**）。

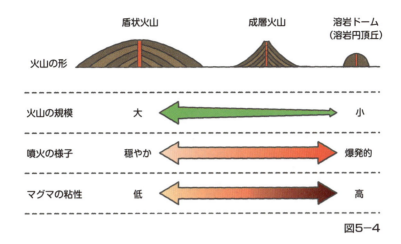

図5-4

・**盾状火山**：粘性が低いマグマでは，溶岩流が広がって流れ，**傾斜の緩やかな大規模な火山**が形成されます。例としてはハワイ島にある，標高 4205 m のマウナケア山（**図5-5**）や，標高 4169 m のマウナロア山がありますよ。

図5-5

富士山（標高 3776 m）より高いんですよね？
全然高く見えないんですが……。

　火山の傾斜がすごく緩やかで傾斜角が数度しかないので，低く見えるんです。だからすごく山の幅が広くて，富士山の 50 倍以上の体積があるんですよ。

　盾状火山がさらに低く，広い面積に広がって，台地をつくることがあります。これはもはや火山とはいわず，**溶岩台地**といいます。インドのデカン高原などが有名です。

・**成層火山**：粘性が中程度のマグマによる火山地形で，**火山砕屑物と溶岩流が交互に噴出して円錐形_{えんすい}の火山を形成します**。例としては，富士山（**図5－6**）などがあります。

図5－6

株式会社フォトライブラリー

・**溶岩ドーム**（溶岩円頂丘_{えんちょうきゅう}）：マグマの粘性が高いと**溶岩が流れず，火口の上にドーム状に盛り上がって，小規模の火山が形成**されます。例としては，昭和新山（**図5－7**）などがあります。

図5－7

株式会社フォトライブラリー

・**カルデラ**：火山砕屑物や溶岩が多量に噴出したため，マグマだまりに空洞ができて，地表が凹型_{おう}に陥没した火山地形をいいます（**図5－8**）。例としては，阿蘇山_{あそさん}などがあります。

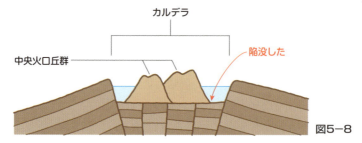

カルデラ

中央火口丘群

陥没した

図5－8

> ## Point!
> ## | マグマの性質と火山の関係 |
>
> 火山地形が急傾斜の場合：マグマの粘性が高い，温度が低い，
> ガス成分が多い，SiO_2量が多い

・別の分類法：単成火山と複成火山

　一回の噴火で活動を終える火山を**単成火山**といい，溶岩ドームや火山(かざん)砕屑丘(さいせつきゅう)などがこれに分類されます。火山砕屑丘の例としては，**図5-9**の米塚(阿蘇山)などがあります。

図5-9

株式会社フォトライブラリー

　一方，休止期間を挟みながら複数回の噴火で形成される火山を**複成火山**といいます。盾状火山，溶岩台地や成層火山，カルデラなどがこれに分類されます。

❺ 火山の分布

　日本には阿蘇山や桜島，浅間山など火山がたくさんありますが，世界ではどんな場所に火山があるのでしょうか。

　プレートテクトニクス(Chapter 1 Theme 3)を思い出してください。**図5−10のように約1500個ある世界の火山分布は，プレート境界**(p.53図3−7参照)**とよく一致する**んですよ。

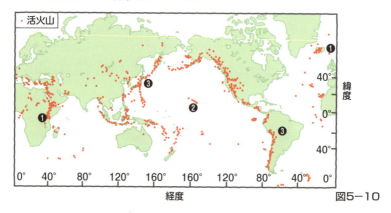

図5−10

でも，プレート境界ではない場所(図5−10中の❷)にも火山が存在していませんか？

　よく気づきましたね。これはp.55で学習したホットスポットを表しています。世界の火山分布は**図5−11**のように，**❶中央海嶺，❷ホットスポット，❸島弧や大陸縁**の3つの領域に集中しているんですよ。

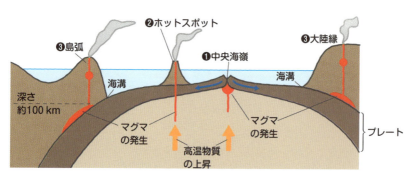

図5−11

❶　中央海嶺：プレート拡大境界にあたり
ます。中央海嶺の直下でマグマが発生
し，火山が数多く海底で活動していま
す。玄武岩質のマグマが海底で噴出す
ると，海水によって急冷されます。そう
して固まった溶岩は，枕を積み重ねた

（写真提供：群馬大学）　**図5−12**

ような形となるので**枕状溶岩**（**図5−12**）といわれます。北大西洋の
アイスランドは大西洋中央海嶺上にできた火山島です。また，大陸にあ
る拡大境界の東アフリカの大地溝帯にも火山が見られます。

❷　ホットスポット：マントル深部から高温の物質が上昇する地点です。
プレート内部に孤立した火山ができます。例としては，太平洋の中央部
にあるハワイ島があげられますよ。ホットスポットは，位置が変わらな
いので，ホットスポットの上をプレートが移動するにしたがい，新しい
火山が次々にできて，火山列ができます。

❸　島弧や大陸縁：太平洋をとり巻いて分布する，環太平洋火山帯などの
プレートの収束境界にあたります。海溝付近でマグマが発生し，火山が
数多く分布しています。例としては，日本列島の火山帯がありますよ。

・日本の火山分布

　日本には 111 個の火山が存在します。**図5−13** のように，**火山は海
溝から 200 〜 300 km 離れた場所から現れはじめます。図5−11 の
ように，沈み込んだプレートが一定の深さに達した付近でマグマが発
生する**ためです。火山分布の海溝側の限界線を**火山前線（火山フロント）**
といいます。

図5−13

> **Point!**
>
> │ 火山前線（火山フロント） │
>
> 火山前線（火山フロント）は海溝やトラフと平行に分布する。
> 海溝と火山前線の間には火山は分布しない。

練習問題

　火山噴火について述べた文 a，b と，日本の火山について述べた文 c，d
のうち，正しい説明をしている文の組合せとして最も適当なものを，下の
①～④のうちから一つ選べ。

a　マグマに含まれる SiO_2 の成分が少ないほど，爆発的な噴火になりやす
　い。

b　マグマの粘性が高いほど，噴火のとき火山砕屑物の放出量が多くなる。

c　日本の火山の多くはマグマに含まれる SiO_2 の成分が少なく，盾状火
　山を形成しやすい。

d　日本は，世界の活火山の数のおよそ 5％ 以上を占める有数の火山国で
　ある。

①　aとc　　②　aとd　　③　bとc　　④　bとd

解答　④

解説

a・b　マグマに含まれる SiO_2 の成分が多いほど，マグマの粘性が高く，
　　火山ガスが抜けにくく，爆発的な噴火になりやすい。その際マグマが粉
　　砕されて，大量の火山砕屑物が放出される。

c　日本の火山はマグマに含まれる SiO_2 の成分が中程度のものが多く，成
　層火山を形成しやすい。

d　世界には 1500 ほどの活火山が存在し，日本には 111 存在するため，7％
　以上を占める。

>> 2. 火成岩

① 鉱物

鉱物って聞いたことがある言葉ですが,
どういうものなんですか?

岩石を虫眼鏡などで観察すると, 小さな粒がたくさん集まっていることがわかります。鉱物(mineral)とは, 岩石を構成している1つひとつの粒子です。原子が規則正しく並んだ結晶からなるものが多いです。

えっ! ミネラルってミネラルウォーターの??
鉱物って飲めるんですか?

鉱物の中には水に溶けやすいものもあって, 鉱物の成分を多く含んだ水をミネラルウォーターというんですよ。鉱物に関する用語を確認しておきましょう。

(1) **造岩鉱物**：**岩石を構成する鉱物**のことをいいます。

(2) **ケイ酸塩鉱物**：ケイ素(Si)と酸素(O)を主成分とし, これにほかの元素が加わった化合物のことです。造岩鉱物の大部分が, ケイ酸塩鉱物です。

(3) **SiO_4 四面体**：ケイ酸塩鉱物は**図5-14**のように, 1個のケイ素が4個の酸素に囲まれた**四面体構造を, 基本骨格**としており, これをSiO_4四面体といいます。写真は代表的な造岩鉱物の石英(水晶)です。

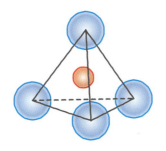

：ケイ素

：酸素

▲石英

図5-14

何でこんなきれいな形になるんですか？

　これは，規則正しく並んだ SiO_4 四面体が組み合わさってできた結果なんですよ。

⑷　SiO_4 四面体のつながり方と鉱物

　造岩鉱物は種類によって，**図5−15**のように SiO_4 四面体のつながり方に違いがあります。これと化学成分の2つの要素によって，鉱物の種類が決まるんです。

・有色鉱物

結晶ができる温度	← 高い			低い →
鉱物名	かんらん石	輝石	角閃石	黒雲母
SiO_4四面体の結合様式				
特徴	各四面体は互いに結びついていない。	各四面体は2個の酸素原子を共有している。	各四面体は2個または，3個の酸素原子を共有している。	各四面体は3個の酸素原子を共有している。

：SiO_4四面体（△で表記）　　●：金属イオン（Mg^{2+}，Fe^{2+}など）

図5−15

・無色鉱物（斜長石，カリ長石，石英）

SiO_4 四面体の結合様式

石英

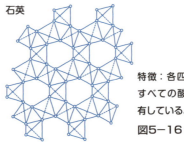

特徴：各四面体は4個すべての酸素原子を共有している。

図5−16

⑸　へき開

　鉱物が特定の面に沿って割れやすい性質。結合の方向に強弱があるとき，結合の弱い面に沿って割れる。

例　黒雲母

図5−17

なぜ，黒雲母は薄くペラペラとはがれるように割れるんですか？

　p.112 の黒雲母の SiO_4 四面体のつながり方を見てください。シート状に各四面体が，3つの酸素原子を共有して，すべてつながっていますね。しかし，シートとシートの間は酸素の共有がないため結合が弱く，割れやすくなるんですよ。

　重要な造岩鉱物をまとめておきます。これはしっかり覚えてくださいね。

Point!

| 重要な造岩鉱物 |

有色鉱物：かんらん石，輝石（きせき），角閃石（かくせんせき），黒雲母（くろうんも）
無色鉱物：斜長石，カリ長石，石英（せきえい）

有色鉱物と無色鉱物の違いができるのは何でですか？

　化学組成の違いです。

　有色鉱物は黒っぽい鉱物で，Si や O 以外に Fe（鉄），Mg（マグネシウム）を含み，無色鉱物は白っぽい鉱物で，これらを含まないんです。

❷ 火成岩

> 火成岩ってどんな岩石なんですか？

　「**火成岩**」は，「火（マグマ）」から「成」る「岩」という字からもわかるように，**高温のマグマが冷却されて固まった岩石**のことをいうんです。

❸ 火成岩の組織

　岩石中の鉱物の大きさや並びかたなどを**岩石組織**といいます。火成岩は組織によって，**等粒状組織**と**斑状組織**に分類されるんですよ。

(1)　等粒状組織：マグマがマグマだまりなどの**地下深くでゆっくり冷却されると，鉱物がすべて大きく成長した組織ができます**（図5－18）。等粒状組織をもつ火成岩を**深成岩**といいます。

(2)　斑状組織：マグマが地下のマグマだまりでゆっくり冷却されると，比較的大きく成長した結晶（**斑晶**）ができます。そして，この斑晶を含んだマグマが**地表付近で急に冷えると**，細粒の結晶やガラス質の部分（**石基**）からなる組織ができます（図5－19）。斑状組織をもつ火成岩を**火山岩**といいますよ。

図5－18

図5－19

(3)　鉱物の形成順序

　岩石中にある鉱物の組織から判断することができます。マグマから鉱物が形成されるとき，自形の鉱物が最も早期にマグマから形成され，他形の鉱物が末期に形成されます。

自形とか他形とかを，どうやって判断すればいいんですか？

自形とは，鉱物がすべて固有の結晶面で囲まれているものです。また，他形とは本来の結晶面は発達していません。**図5-20**で見ると鉱物が角ばって，一番上に乗っかって見えるのが自形，隙間を埋めているように見える鉱物が他形になります。

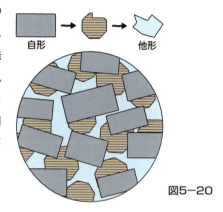

自形 → → 他形

図5-20

(4) 偏光顕微鏡

図5-18や**図5-19**を見ると鉱物1つ1つがすごくきれいな色に見えていますね。どうやって観察しているんですか？

これは岩石をプレパラートに貼りつけて，0.03 mmまで薄く削って光が通るようにします。これを薄片といいます。薄片を**図5-21**の偏光顕微鏡という装置を用いて観察すると，さまざまな鉱物の特徴を探ることができるんですよ。

・開放ニコル

(a) 上方ニコルを外し，下方ニコルのみで観察する。

(b) 多色性：無色鉱物は無色透明を示すが，有色鉱物はステージを回転させるにつれて，色が変化する。

・直交ニコル

(a) 上方ニコルと下方ニコルをつけた状態で観察する。

(b) 干渉色：鉱物特有のさまざまな色が見られる。

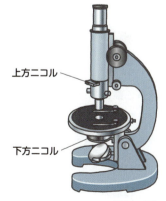

上方ニコル

下方ニコル

図5-21

❹ 火成岩の化学組成

火成岩は SiO_2 の質量％によって，表5−2のように **超塩基性岩，塩基性岩，中性岩，酸性岩** に分類されます。

表5−2　化学組成による火成岩の分類

SiO_2 質量％	火成岩の分類
～ 45	超塩基性岩
45 ～ 52	塩基性岩
52 ～ 66	中性岩
66 ～	酸性岩

下の写真はすべて深成岩で，**図5−22** は塩基性岩の **斑れい岩**，**図5−23** は中性岩の **閃緑岩**，**図5−24** は酸性岩の **花こう岩** です。

斑れい岩
図5−22

閃緑岩
図5−23

花こう岩
図5−24

写真を見ると左から右にいくほど，
だんだん白っぽくなっていますね。
どうしてこんなふうに変化するんですか？

有色鉱物の量が，塩基性岩から酸性岩にいくほど少なくなっているからなんですよ。これは **SiO_2 の質量％が多くなるほど，有色鉱物の量が少なくなる**（無色鉱物が多くなる）ことを表すんです。

・**色指数**：火成岩中に占める有色鉱物の体積％

$$色指数 = \frac{有色鉱物の体積}{岩石全体の体積} \times 100$$

色指数が大きいものから順に超苦鉄質岩，苦鉄質岩，中間質岩，ケイ長質岩に分類されます。

> なんかいろいろな鉱物名や火成岩名が出てきて
> 混乱してきました！ 整理してもらえますか？

　火成岩はマグマの冷却のされかたによって，深成岩と火山岩に分類されます。また，SiO_2量の質量％（有色鉱物と無色鉱物の量比）によって超塩基性岩（超苦鉄質岩），塩基性岩（苦鉄質岩），中性岩（中間質岩），酸性岩（ケイ長質岩）に分類されます。それに対応して**図5-25**のように火成岩名が決まるんですよ。

SiO_2（質量％）	（超塩基性岩）45%	（塩基性岩）52%	（中性岩）66%	（酸性岩）
色指数	（超苦鉄質岩）70	（苦鉄質岩）40	（中間質岩）20	（ケイ長質岩）
造岩鉱物 ☐無色鉱物 ▨有色鉱物	かんらん石	輝石 〔Caに富む〕	斜長石 角閃石 〔Na〕	石英 カリ長石 黒雲母
火山岩		玄武岩	安山岩	デイサイト・流紋岩
深成岩	かんらん岩	斑れい岩	閃緑岩	花こう岩

図5-25

> 難しそうですね……。
> **図5-25**の見かたを教えてください。

　たとえば，「SiO_2量が質量％で70％のマグマが急冷した。このときにできる火成岩の名称と，その造岩鉱物を答えよ。」という問題の場合，

　　Ⅰ．SiO_2量が質量％で70％の岩石は酸性岩である

　　Ⅱ．マグマが急冷したことから，火山岩である

よって，火成岩名は<u>デイサイト</u>または<u>流紋岩</u>，含まれる造岩鉱物は，有色鉱物は<u>黒雲母・角閃石</u>，無色鉱物は<u>石英・カリ長石・斜長石</u>となります。**図5-25**については，覚えるようにしましょう。

❺ 火成岩の産状

　火成岩は地下で地層中にマグマが**貫入**(かんにゅう)して形成されたり，マグマが地表に噴出して形成されたりします。

　貫入ってどういう意味ですか？

　「**貫入**」という漢字の意味で考えてみるといいですよ。「貫」は「つらぬく」，「入」は「はいる」と読めますから，**マグマが上昇するとき，まわりの地層を押し広げて，入り込むのが貫入です。貫入したマグマが，冷えて固まった形態を**貫入岩体というんですよ。

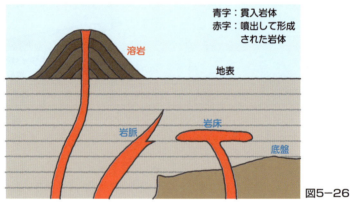

青字：貫入岩体
赤字：噴出して形成された岩体

溶岩
地表
岩脈　　岩床
底盤

図5−26

・**溶岩**：マグマが地表に噴出した岩石で，すべて火山岩。
・**底盤（バソリス）**：地下深くに貫入した**大規模な深成岩体**をいう。
・**岩脈**：周囲の地層を切って貫入した，小規模の火成岩体をいう。
・**岩床**：周囲の地層に平行に貫入した小規模の火成岩体をいう。

※　地表近くで貫入するとマグマが急冷されるので火山岩，地下深い所に貫入するとゆっくり冷却されるので深成岩となる。

練習問題

　ボルカさんは，学校にあったある火成岩の色指数を測定するために，火成岩の表面を研磨した。下の図は火成岩に2mmの方眼の透明シートをのせたものを表している。すべての格子点上の鉱物を数えて，色指数を求めたときの数値はどれになるか。最も適当なものを，次の①〜⑥のうちから一つ選べ。

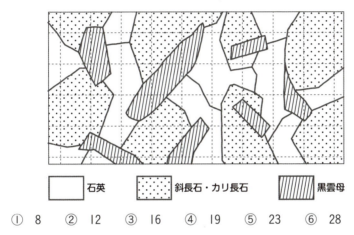

▢　石英　　▦　斜長石・カリ長石　　▧　黒雲母

①　8　　②　12　　③　16　　④　19　　⑤　23　　⑥　28

解答　②

解説

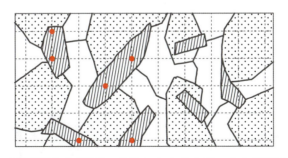

　格子上の黒雲母（有色鉱物）の位置に赤の点を打つと合計数は6である。色指数は有色鉱物の割合を表すものである。よって，交点の総数が50であることから，交点の数を100とすると黒雲母の数は6×2＝12となり，この数が色指数となる。

Theme ⑥ 堆積岩と地層の形成

≫ 1. 堆積岩の形成
① 風化

 風化という用語は，「記憶が風化する」みたいに地学以外でも聞きますが，同じ意味なんですか？

「記憶が風化する」とは，頭の中の記憶がバラバラになって，忘れ去られていくことですね。これを岩石に置き換えると，岩石が細かく砕かれたり（**物理的風化**），溶かされたり（**化学的風化**）する現象をいうんです。

(I)　物理的風化：**岩石に力が加わって，岩石が砕かれる**現象

・気温の変化
　温度変化による鉱物の膨張・収縮のくり返しによる風化です。鉱物どうしの隙間が大きくなって，岩石が破壊されていくんですよ。

 温度変化による膨張・収縮ってイメージできないんですが……。

　物体は温めると膨張し，冷やすと収縮します。たとえば，冷やしたガラス容器は収縮します。そこに熱湯を注ぐと，ガラス容器が急に膨張して割れてしまうことがあるんです。危ないのでやらないでくださいね。この現象を岩石に置き換えて考えましょう。

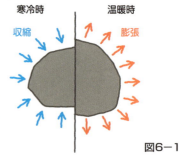

図6-1

・水の凍結

　水は氷になると体積が大きくなります。岩石の割れ目に入っている水が凍結することで，割れ目が押し広げられて岩石が破壊されます。

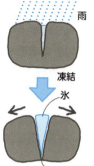

割れ目が広がる　図6−2

水が氷になるときの力って，岩石を
破壊するほど強いんですか？

　ええ，その通りです。水が氷になるときに生じる力はすごく大きな力で，寒いとき水道管を破裂させたりします。ペットボトルなどの飲料の容器に「凍らせないでください」とかいてあるのも，この力が原因なんですよ。なかの飲料の体積が増え，容器が破裂するかもしれませんから。

⑵　化学的風化：水に含まれている化学成分（CO_2 や O_2 など）と岩石が反応し，**岩石を溶解させたり成分を変化させたりします。**

岩石って，溶けるんですか？

　溶けますよ。岩石を構成している鉱物には，水に溶けやすいものがあるのでした。p.111 のミネラルウォーターの説明を思い出してくださいね。

・化学的風化の例

　CO_2 を含む**地下水や雨水は弱酸性**です。CO_2 を含む水は石灰岩（炭酸カルシウム $CaCO_3$ が主成分）を溶かすので，**石灰岩で構成された大地は，雨水などに溶けてカルスト地形が形成されます**（p.125 参照）。

❷ 流水の作用

(1) 河川による砕屑物の侵食・運搬・堆積

・**侵食**：**流水が，岩石や砕屑物を削りとること**をいいます。止まっている砕屑物が水の流れによって動き出すのも侵食です。流速が大きいほど侵食する力は大きくなります。

砕屑物って表現は，火山のところでも出てきましたよね？

p.102 で，火山砕屑物について説明しましたね。ここでは砕屑物を，岩石が風化や侵食によって，バラバラに砕かれた粒子と考えてください。

・砕屑物：粒径(粒の直径)によって，小さい順に **泥・砂・礫** に分類される。

表6-1　砕屑物と粒径

砕屑物	粒径
泥	$\sim \dfrac{1}{16}$ mm
砂	$\dfrac{1}{16} \sim 2$ mm
礫	2 mm $\sim$

礫って，なんですか？

　礫とは，粒径が 2 mm 以上の砕屑物をいいます。砂利のイメージでいいですよ。

・**運搬**：**侵食された砕屑物が運ばれること**。水の流れによって動いている砕屑物が動き続けると考えるとよいでしょう。流速が大きいほど運搬する力は大きくなります。

・**堆積**：**運搬されている砕屑物が止まること**。水の流れによって動いている砕屑物が停止すると考えるとよいでしょう。流速が小さいほど堆積しやすくなります。

⑵　河川の流速と砕屑物の粒径の関係

　図6−3は，いろいろな大きさの粒子(粒径 mm)がどのような流速
(cm/s)のとき，侵食・運搬・堆積されるかを表したグラフです。

　　　　　流速の単位 cm/s って，どういう意味ですか？

水の流れが 1 秒(s)間に何 cm 移動するかを表したものですよ。

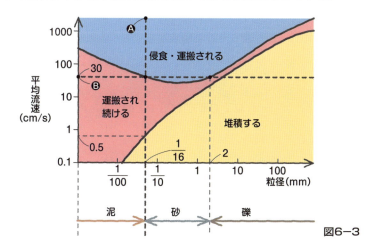

図6−3

・粒径 $\dfrac{1}{16}$ mm（泥と砂の境界）の粒子の流速による侵食・運搬・堆積の様

　子を見てください。🅐点をスタートして，下に点線をなぞっていきます

　よ。流速が速いときは，青いゾーンなので侵食・運搬されています。流

　速を下げていくと，30 cm/s からは赤いゾーンに入ります。30〜0.5 cm/s

　まで動き続けて（運搬され続ける），0.5 cm/s 以下にすると，黄色いゾー

　ンなので止まってしまいます（堆積する）。

　　　　　青いゾーンと赤いゾーンの
　　　　　違いがわからないんですが……。

　侵食というのは，止まっている砕屑物_{さいせつぶつ}が動き出すこともさすのでしたね (p.122)。青いゾーンは侵食・運搬なので，止まっている砕屑物も動かしますが，赤いゾーンでは止まっている砕屑物は動かせません。赤いゾーンでは動いているものが動き続けるだけです。

　たとえば重い荷物がのった台車を動かすとき，動かし始めには大きな力が必要となるけれど，いったん台車が動き始めるとあまり力はいらないですよね。これと同じです。

・次に，止まっているいろいろな粒径の粒子に，一定の流速を与えたときを考えてみましょう。**図6－3**の**B**点から，右へと点線をなぞっていきます。流速が 30 cm/s では，$\frac{1}{16}$ ～ 2 mm の粒子，すなわち砂だけが動き出し(侵食)，$\frac{1}{16}$ mm 以下の粒子(泥)や 2 mm 以上の粒子(礫_{れき})は動き出さない(侵食されない)のがわかりますね。

　　ちょっと待ってください！　いちばん粒径が小さくて，軽いはずの泥が，なんで動き出さないんですか？

　泥は粒子が小さくて，粘着性があるため，水底に堆積していると動かしにくいんですよ。手に砂がついていたとき，軽く払えばすぐに落ちますが，泥は手にくっついてなかなか落ちないことをイメージしてください。

Point!

侵食・運搬・堆積と流速の関係

・最も侵食されやすい粒子：砂
・最も運搬されやすい粒子：泥
　(軽いのでいったん運搬されると流速が小さくても運搬され続ける)
・最も堆積されやすい粒子：礫
　(重いので流速が小さくなるとはじめに堆積する)

❸ 地形

山や谷，丘や平野など日本にはいろいろな地形があり
ますよね。これらはどうやってつくられたのですか？

　地形は，おもに河川などによる侵食・運搬・堆積の作用によって
形成されるんですよ。

⑴　河川による地形
・V字谷：河川の流速が大きい上流域で形成される，谷底がV字に切
　　　　れ込んでいる侵食地形のこと。
・扇状地：河川の流速が急に小さくなる，山地から平野に出るところに
　　　　形成される扇型に広がる堆積地形のこと。粗粒の堆積物(砂や礫)
　　　　からなります。
・三角州：流れがほとんどなくなる河口に形成される堆積地形のこと。
　　　　細粒の堆積物(砂や泥)からなります。

図6−4

⑵　地下水による地形
・カルスト地形：石灰岩が雨水や地下水に溶けてできた侵食地形のこと。
　　　　　　　地表には陥没した凹地ができ，地下には鍾乳洞が形成さ
　　　　　　　れます(次ページ図6−5)。

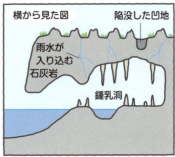

図6-5

なんで石灰岩は雨水や地下水に溶けるんですか？

　p.121 の『化学的風化』を思い出してください。石灰岩は化学組成が炭酸カルシウム($CaCO_3$)で，酸性の雨水や地下水(CO_2 が溶け込んだ水）に溶けやすいんでしたね。

❹ 堆積岩

⑴　**堆積岩**の生成過程（図6-6）

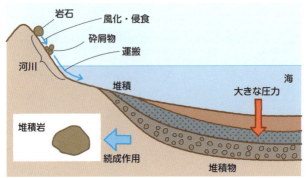

図6-6

・**堆積物**：砕屑物，火山砕屑物，生物の遺骸などが流水によって，海底などに運搬されて堆積したもの，または水の中に含まれていた成分が沈殿したもののこと。

⑵ **続成作用**：堆積物が硬い堆積岩に変化する作用のこと**(図6-7)**。

・上にある地層の重みによって圧縮され，粒子の間にある水などがしぼり出される。

・粒子の間に粘土や $CaCO_3$（炭酸カルシウム）や SiO_2（二酸化ケイ素）などが入り込み，新しい鉱物ができて，粒子をくっつける。

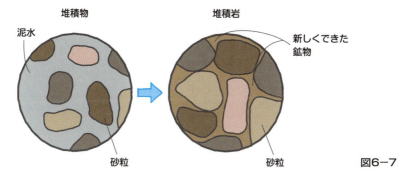

堆積物

泥水

堆積岩

新しくできた鉱物

砂粒   砂粒

図6-7

p.96 ～ 97 の「おむすび」の例
で説明されましたね!

⑶ 堆積岩の分類

・**砕屑岩**：**砕屑物**からなり，構成物質の粒径から３つに分類されます。

表6-2 砕屑岩と粒径

岩石名	粒径
泥岩	$\sim \dfrac{1}{16}$ mm
砂岩	$\dfrac{1}{16} \sim 2$ mm
礫岩	2 mm $\sim$

・**火山砕屑岩**（火砕岩）：**火山灰などの火山砕屑物**からなり，火山砕屑物の種類により分類されます。

表6-3　火山砕屑岩と構成物質

岩石名	火山砕屑物
凝灰岩（ぎょうかい）	火山灰
凝灰角礫岩（かくれき）	火山灰と火山岩片

・**生物岩**：**生物の遺骸**（いがい）からなり，生物の殻（から）や骨格などの化学組成により分類されます。

表6-4　生物岩の性質

岩石名	生物名	化学組成	構成鉱物	特徴
石灰岩	サンゴ，有孔虫（ゆうこうちゅう）	$CaCO_3$	方解石（ほうかいせき）	やわらかく酸に溶ける
チャート	放散虫（ほうさんちゅう），珪藻（けいそう）	SiO_2	石英（せきえい）	硬い

・**化学岩**：**水の中に含まれていた物質が沈殿したもの**からなり，化学組成により分類されます。

表6-5　化学岩の化学組成

岩石名	化学組成
石灰岩	$CaCO_3$
チャート	SiO_2
岩塩	$NaCl$
石膏（せっこう）	$CaSO_4・2H_2O$

化学岩のイメージがつかめません……。

　たとえば内海（うちうみ）（陸地に入り込んだ海で，外洋と狭い海峡でつながっているもの）などが，地殻変動などの影響で，海洋から切り離されて湖になったとします。そしてその湖が乾燥などによって蒸発してしまうと，水の中に溶けていた塩の主成分である $NaCl$（塩化ナトリウム）が沈殿して，あとに残ります。これが固まったものが**岩塩**（がんえん）で，化学岩の代表です。

練習問題

　次の図は河川の流速と砕屑物の移動の関係を表したものである。この図について述べた文として最も適当なものを，下の①〜④のうちから１つ選べ。

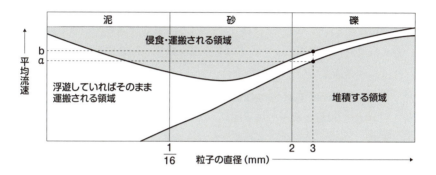

① 流速が a のとき，堆積する粒子は砂と泥の一部である。

② 流速が a のとき，砂のほとんどは運搬されない。

③ 粒径が 3 mm の粒子は，流速が a のとき動き始める。

④ 粒径が 3 mm の粒子は，流速が b のとき動き始める。

解答　④

解説

① 流速が a のとき，堆積するのは粒径 3 mm 以上の礫の粒子である。よって，誤り。

② 流速が a のとき，運搬される粒子は粒径 3 mm 以下の泥，砂，礫（一部）である。よって，誤り。

③・④ 粒径 3 mm の粒子は流速 b で動き始め（侵食），流速 a 〜 b の間は動き続け（運搬），そして流速 a 以下になると動きを止める（堆積）。よって，③は誤り。④は正しい。

>> 2. 地層の形成

❶ 地層の重なり

(1)　**地層**：層状に積み重なった堆積物や堆積岩のこと。

　　　たとえば河川の河口に砕屑物が運搬されて，堆積する場合をイメージしてください（p.126 **図6-6 参照**）。通常は下流ほど流速が小さいため，河口には泥が堆積します。これを泥層，続成作用を受けて堆積岩になれば，泥岩層というんです。しかし洪水などで流速が大きくなると砂が運搬され，河口に堆積します。これを砂層，続成作用を受けて堆積岩になれば，砂岩層といいますよ。

(2)　**単層**：地層の断面に見られる砂層や泥層などの地層の基本単位。

(3)　**層理面**：単層と単層の境界面。

(4)　**葉理**：単層内の構成粒子の並びかたによる，すじ模様。

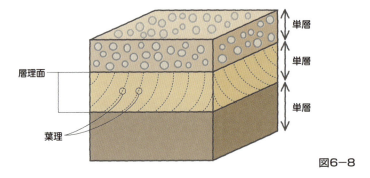

図6-8

(5)　**地層累重の法則**：地層は順次上方に堆積していくので，**古い地層が下位，新しい地層が上位**に重なります。

> 地層累重の法則って，名前が難しそうですね。

　難しそうなのは名前だけで，いたって簡単な話です。自分の机の上に，学校でもらったプリントなどを重ねていくと，上のほうには最近もらったプリント，下のほうには古いプリントがあることになりますね。それと同じです。

　地層累重の法則は，地層の逆転がない限り，地層が傾いている場合にも成立します。

　　　　　傾いている地層に地層累重の法則が成立するって，
　　　　　どういう意味ですか？

　下の図を見てください。**図6−9**のように地層が水平な場合，下位ほど古い地層になります。**図6−10**のように地層が傾いている場合も同様に，最も下位の地層 A が最初に堆積したあと，その上位の地層 B，そして最も上位の地層 C が堆積します。地層は基本的には水平に積もり，地殻変動などによって地層が傾くと，斜めになります。

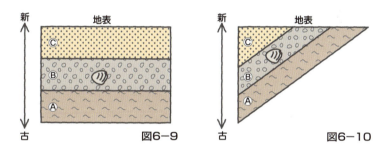

❷ 整合と不整合

(1) **整合**：**地層が連続的に堆積**した場合の接しかたのこと。

　地層は通常，水中で堆積します。複数の地層があまり時間をおかずに堆積した場合，その地層は連続的であるというんですよ。

(2) **不整合**：**地層が不連続に堆積**した場合の接しかたのこと。その境界面のことを**不整合面**といいます。長期間にわたる堆積の中断や侵食が原因です。

　図6−11で，不連続な堆積が起こるようすを，順を追って説明します。

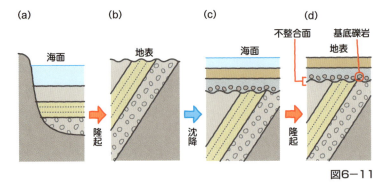

図6−11

(a) 地層は水中で水平に堆積する。

(b) 地層が隆起<ruby>隆起<rt>りゅうき</rt></ruby>して傾き，陸に現れて風化や侵食作用を受けて，表面に凹<ruby>凹<rt>おう</rt></ruby>凸<ruby>凸<rt>とつ</rt></ruby>ができる（堆積の中断・侵食）。

(c) それが沈降して水面下に下がると，凹凸<ruby>凹凸<rt>おうとつ</rt></ruby>面の上に新しい地層が堆積する。

(d) 再び隆起<ruby>隆起<rt>りゅうき</rt></ruby>して地層が地表に現れる。

図6−11 の(d)にある基底礫岩って，何ですか？

基底礫岩<ruby>基底礫岩<rt>きていれきがん</rt></ruby>は，隆起したときに風化・侵食を受けた地層の礫が，不整合面上に残ったものですよ。

(3) 不整合の種類

・**平行不整合**：不整合面で上下の地層が平行に接している。

・**傾斜不整合**：不整合面で上下の地層が斜めに接している。

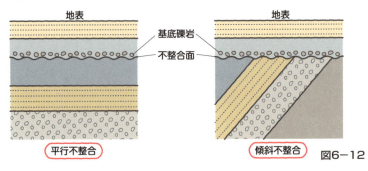

図6−12

Point!

| 不整合の特徴 |

- 不整合面は通常凹凸がある。
- 不整合面を境に上下の地層に時代の隔たりがある。
- 基底礫岩が存在する場合がある。
- 不整合面で上下の地層が斜めに接している場合がある。

3 堆積構造（地層の中に見られる模様）

(1) **級化層理（級化成層）**：単層内で，**下位から上位に向かって細かい粒になっている構造**のこと。

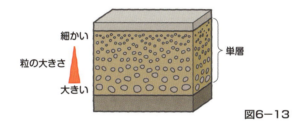

図6-13

どうして，級化層理はできるんですか？

砂や泥などの，粒の大きさが異なる粒子が入り混じっているビーカーに入った泥水をイメージしてください。これを静かに置いておくと重い砂が先に沈み，軽い泥はあとから沈みます。すると下部が粗く，上部が細かくなりますよね。

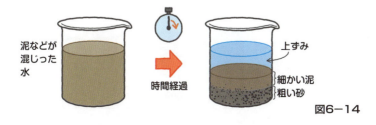

図6-14

　地震や洪水などが起こると，比較的浅い海底に堆積した砂や泥が一緒に混ざり合い，一気に深海まで流れ下ります。このような流れを**乱泥流**(混濁流)とよびます。これが落ちつくと級化層理ができるのです。**級化層理は乱泥流が流れ下った海底にできる，海底扇状地の堆積物に特徴的に見られます。**この堆積物のことを**タービダイト**といいます。

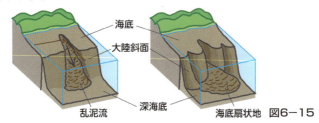

図6-15

⑵　**斜交葉理(クロスラミナ)**：**地層面と斜交した細かな縞模様(葉理)**を示す。水流の向きや速さが変化する場所にできやすい。

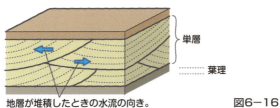

図6-16

⑶　**リプルマーク(漣痕)**：**層理面が波打っている構造**を示す。波や水の流れによって形成された流れの跡である。

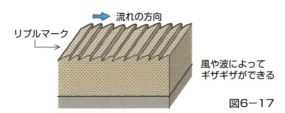

図6-17

⑷　**ソールマーク(底痕)**：水流によって川底などの堆積物が削り込まれた痕跡。

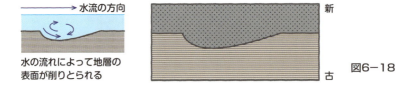

図6-18

練習問題

　次の図はある崖(がけ)の地層を観察したものである。X は礫層，Y は砂岩層，Z は泥岩層で，Y の砂岩層には級化層理が見られる。P－P′ で示される凹凸のある面を境界に地層の傾きが変化している。図について述べた文として最も適当なものを，下の①〜④のうちから 1 つ選べ。ただし，地層の逆転はおきていないものとする。

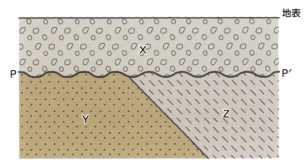

① 　地層の形成を古いものから並べると，Z → Y → X の順である。

② 　P－P′ を境に上下の地層は，平行不整合で接している。

③ 　X の礫中には Y や Z に由来する礫が存在する可能性がある。

④ 　Y は河川が山間部から平野に出たところで形成された。

解答　③

解説

① 　地層累重の法則から Y と Z では Y の方が下位にあるため古いことから，Y → Z → X の順が正解である。よって，誤り。

② 　不整合面 P－P′ を境に上下の地層の傾きが異なっていることから，傾斜不整合である。よって，誤り。

③ 　Y，Z の地層が侵食されたあと，X が堆積したことから，X に Y や Z に由来する礫(基底礫岩)が含まれる可能性がある。よって，正しい。

④ 　扇状地の説明である。級化層理が形成されやすいのは，乱泥流(混濁流)による海底扇状地である。よって，誤り。

Theme ⑦ 地殻変動と変成岩

≫ 1. 造山運動による地殻変動

❶ 地殻変動

　造山運動では地殻に大きな力がはたらくため，地盤が隆起したり沈降したりします。それにともなって，岩石や地層が変形します。このことを地殻変動というんですよ。

> なぜ，地殻に大きな力がはたらくんですか？

　p.49 のプレートが収束する境界を思い出してください。プレートとプレートが衝突するとき，地盤に圧縮力がはたらくんでしたね。

❷ 地質構造

(1)　断層：Theme 4 の p.64 〜 67 を参照。

(2)　褶曲：**岩石や地層が折り曲げられた地質構造。**岩石や地層が連続的に圧縮力を受けると形成される。山状に盛り上がった部分を背斜，谷状にくぼんだ部分を向斜という。

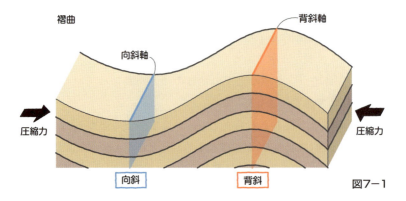

図7-1

>> 2. 変成岩

❶ 変成作用

　変成作用とは，岩石が高い温度や圧力のもとにおかれたとき，固体のまま岩石の組織や鉱物の種類が変化して，もとの岩石と異なった岩石になることを表します。

> 岩石の組織って，どういうものですか？

　岩石を構成している鉱物の並びかたや，鉱物の大きさのことを，岩石の組織といいますよ。

❷ 広域変成作用

　広域変成作用とは，造山帯の内部で，広範囲（数十 km 〜数百 km）に起こる変成作用をいいます。

> なんで，造山帯の内部で変成作用が起きるんですか？

　造山帯，つまりプレートが沈み込む境界では，海洋プレートに沿って岩石が地下深部に持ち込まれて高い圧力を受けます（図 7−2 の A）。また陸側の造山帯の地下のマグマだまりでは，周囲の岩石が高温となります（図 7−2 の B）。このように，高圧，高温となる場所で広域変成作用が起こるんですよ。

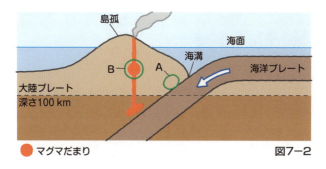

図7−2

広域変成作用でできる変成岩

(1)　**結晶片岩**：鉱物が一方向に並ぶ組織である**片理**が発達しており，薄くはがれやすい（**図7－3**）。**図7－2**の **A** 付近で形成。

(2)　**片麻岩**：鉱物の粒が粗く，白黒の鉱物が交互に並んだ**縞**模様をもつ（**図7－4**）。**図7－2**の **B** 付近で形成。

結晶片岩　　図7－3

片麻岩　　図7－4

❸ 接触変成作用

　接触変成作用とは，**岩石にマグマが貫入した際に，マグマの熱により周囲の岩石が変成する作用**をいいます。接触変成作用は幅数十 m ～数 km の狭い範囲で起こっています。

接触変成作用でできる変成岩

(1)　**ホルンフェルス**：泥岩や砂岩が接触変成作用を受けて生成した岩石で，硬くて緻密である（**図7－5**）。

(2)　**結晶質石灰岩（大理石）**：石灰岩が接触変成作用を受けて生成した岩石で，粗粒の方解石（組成は炭酸カルシウム $CaCO_3$）からなる（**図7－6**）。

東京サイエンス
ホルンフェルス　　図7－5

東京サイエンス
結晶質石灰岩（大理石）　　図7－6

≫ **3. 岩石循環**

　地表の岩石は**図7-7**のように，火成岩・堆積岩・変成岩と変化しなが
ら地球表層を循環している。

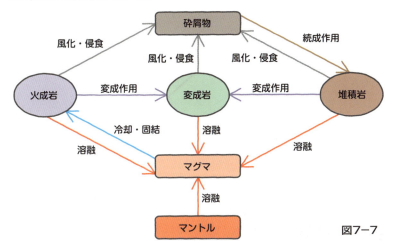

図7-7

　何で循環するんですか？　よくわかりません。

　では，日本列島のような場所を例として説明しますね。

1. プレートの収束する境界である日本列島では，地下の岩石が溶融して
マグマが発生します。それが固結して，花こう岩や玄武岩のような 火
成岩 が形成されます。

2. 火成岩などが地表に露出すると，風化・侵食作用を受けて，泥・砂・
礫のような 砕屑物 となります。それらが堆積物となって続成作用を受
けると，泥岩や砂岩のような 堆積岩 が形成されます。

3. また火成岩や堆積岩などが地下深くの高い温度や圧力の影響によって
変成作用を受けると，ホルンフェルスや片麻岩のような 変成岩 が形成
されます。

4. 火成岩や堆積岩や変成岩がプレートの沈み込みなどによって，日本列
島の深部に持ち込まれると再び溶融して，マグマが形成されます。そし
て1. へ戻っていきます。

練習問題

　変成岩について述べた文として最も適当なものを，次の①～④のうちから１つ選べ。

① 片麻岩は無色鉱物に富む部分と有色鉱物に富む部分からなる，縞状の組織が見られる。
② 結晶片岩は，マグマの貫入による接触変成作用によって生成した。
③ チャートが接触変成作用を受けると，ホルンフェルスに変化する。
④ 結晶質石灰岩は，塩酸などの酸に溶けにくい性質をもつ。

解答 ①

解説

① 片麻岩の白黒の縞模様は無色鉱物と有色鉱物が並んだものである。よって，正しい。
② 結晶片岩は広域変成作用によって生成した岩石である。よって，誤り。
③ チャートは堆積岩(p.128)。ホルンフェルスは，泥岩や砂岩が接触変成作用を受けて生成した岩石である。よって，誤り。
④ 結晶質石灰岩は $CaCO_3$ からなり，酸に溶けやすい性質をもつ。よって，誤り。

地質時代の区分

>> 1. 地質時代区分

　地球誕生から現在までの歴史を地層，岩石，化石などの解析から区分したものを地質時代といいます。

> 具体的に地質時代は，どうやって区分するんですか？

　おもに，**動物の出現と絶滅などによって区分**されるんですよ。
　巻末に，地球の歴史についてまとめた表を掲載しておきました。Theme 8，Theme 9 の内容がまとまっていますので，そちらも参照しながら読み進めてくださいね。

❶ 先カンブリア時代と顕生代

⑴　先カンブリア時代：地球の始まりである **46 億年前**から **5 億 4 千万年前**までの時代。

⑵　顕生代：**5 億 4 千万年前**から**現在まで**の時代。顕生代のはじまりごろからの化石が豊富に産出される。

> 先カンブリア時代の化石が産出されにくいということは
> 先カンブリア時代には生物が少なかったんですか？

　実は，生物は多数生息していたんですよ。でも，硬い殻をもつ生物がほとんどいなかったので，化石として残りにくかったんです。

❷ 顕生代

顕生代は脊椎動物の繁栄によって大きく３つの時代に区分されます。

⑴　**古生代**：**5 億 4 千万年前**から**2 億 5 千万年前**までで，魚類や両生類が繁栄した時代。

⑵　**中生代**：**2 億 5 千万年前**から**6600 万年前**までで，は虫類が繁栄した時代。

⑶　**新生代**：**6600 万年前**から**現在まで**で，哺乳類が繁栄した時代。

Point!

地質時代と数値年代の関係

・地球の誕生：46 億年前
・先カンブリア時代－古生代の境界：5 億 4 千万年前
・古生代－中生代の境界：2 億 5 千万年前
・中生代－新生代の境界：6600 万年前

≫ 2. 化石

過去の生物の遺骸や生活の跡が，地層中に保存されたものを**化石**といいます。

❶ **示準化石**：**地層の堆積した地質時代を決めるのに有効な化石**を**示準化石**といいます。示準化石を満たす条件は次の３つです。

・　進化の速度が速く，種としての生存期間が短い。

・　広範囲に分布する。

・　産出数が多い。

次の**図8－1～4**は示準化石の一例です。

1 cm　　三葉虫〔古生代〕　図8－1

1 cm　　紡錘虫（フズリナ）〔古生代〕　図8－2

1 cm　翼竜の歯［中生代］　図8-3

1 cm　カヘイ石［新生代］　図8-4

Theme 9 にも，その時代に生きた生物のイラストや化石を掲載しているので，時代と生物をリンクして覚えてくださいね。

❷ 示相化石：古生物が生息していた環境を示す化石を示相化石といいます。次の2つは示相化石を満たす条件となります。

- ・　限られた環境に生息。
- ・　生息していた場所で化石になっている。

示相化石の例としては，暖かく浅い澄んだ海に生息していた造礁サンゴや，熱帯～亜熱帯の汽水域（淡水と海水のまじった海域）に生息していたビカリア（巻貝の仲間），河口付近や湖沼に生息していたシジミなどがあります。

東京サイエンス

1 cm　造礁サンゴ　図8-5

1 cm　ビカリア　図8-6

1 cm　シジミ　図8-7

❸ 生痕化石：生物の生活していた痕跡が化石になったものが**生痕化石**です。例としては，足跡，這い跡，巣穴，糞などがあります。

>> 3. 地層の新旧関係

地層累重の法則を使えば，上の地層ほど新しいので，地層の年代なんてすぐにわかると思うのですが……

　p.136 で説明した地殻変動の影響によって，地層が垂直になったりすることもあるし，激しい褶曲によって**地層が逆転（ひっくり返ったり）する**こともあるんですよ。このような場合，地層累重の法則が使えないため，どちら側が新しい地層なのかが判断できなくなってしまいます。こんなときには次の方法を使って，地層の新旧判定をするんですよ。

❶ 化石による新旧判定

⑴　示準化石：**新しい地質時代を示す示準化石が含まれる地層のほうが新しい。**

新 ← → 古

ビカリア
（ 新生代 の化石）

アンモナイト
（ 中生代 の化石）

↑ 層理面　　　　　　図8-8

⑵　生痕化石：**巣穴がのびている方向の地層が古い。**

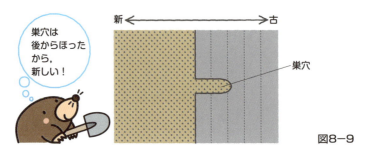

巣穴は
後からほった
から，
新しい！

新 ← → 古

巣穴

図8-9

❷ 堆積構造による判定

(1)　級化層理：粒の大きさの大きなものから小さなものへと順に堆積する

ため，**単層中の粒径が小さいほうが新しい。**

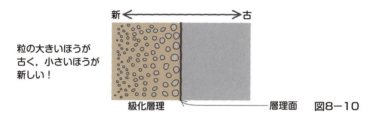

粒の大きいほうが
古く，小さいほうが
新しい！

級化層理　　　層理面　　**図8-10**

(2)　斜交葉理：古い葉理が形成したあとに，新しい葉理がそれを削るよう

に形成されるため，**切っている葉理のほうが新しい。**

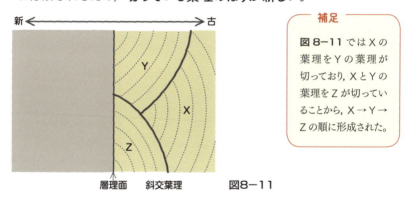

層理面　　斜交葉理　　**図8-11**

補足

図8-11ではXの
葉理をYの葉理が
切っており，XとYの
葉理をZが切ってい
ることから，X→Y→
Zの順に形成された。

---

❸ 地質構造による判定

(1)　不整合と基底礫岩：基底礫岩は不整合面の下の地層が侵食されて形成

されたものなので，**基底礫岩が存在する側が新しい。**

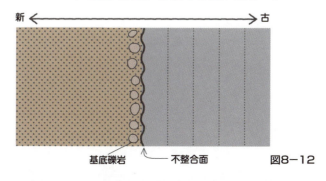

基底礫岩　　不整合面　　**図8-12**

⑵ 地質構造どうしの関係：**切っているほうが新しい。**

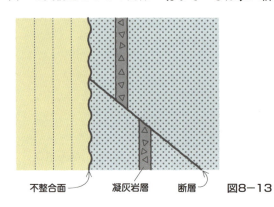

不整合面 ──   凝灰岩層   断層 ──   図8−13

⑶ 貫入：マグマが地層中に入り込むことで，火成岩が形成されるため，
地層のほうが古いということ。周囲の地層より**火成岩のほうが新しい。**

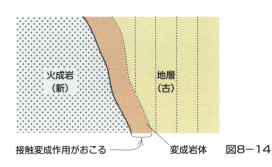

接触変成作用がおこる ──   変成岩体   図8−14

火成岩
（新）

地層
（古）

練習問題

　次の図はある地域の地質断面図である。Ｄ岩体は火成岩で，Ｂ層とＣ層に接触変成作用を与えている。この図から地層や地質構造の形成順序を読みとり，古いものから新しいものへと並べたものとして最も適当なものを下の①～④のうちから１つ選べ。ただし，地層の逆転はないものとする。

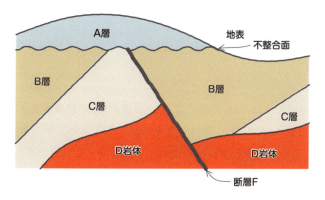

①　Ｃ層　　→Ｂ層　　→断層Ｆ→Ｄ岩体→Ａ層
②　Ｄ岩体→Ｃ層　　→Ｂ層　　→断層Ｆ→Ａ層
③　Ｃ層　　→Ｂ層　　→Ｄ岩体→断層Ｆ→Ａ層
④　断層Ｆ→Ｄ岩体→Ｃ層　　→Ｂ層　　→Ａ層

解答　③

解説

　地層累重の法則より，下位ほど古いため地層の形成順はＣ層→Ｂ層→Ａ層。Ｄ岩体はＢ層，Ｃ層に接触変成作用を与えているので，それらより新しいことからＣ層→Ｂ層→Ｄ岩体。Ｄ岩体は断層Ｆによりずれているので，断層Ｆより古いことからＤ岩体→断層Ｆ。断層ＦはＡ層に覆われているのでＡ層より古いため，断層Ｆ→Ａ層。
　よって，Ｃ層→Ｂ層→Ｄ岩体→断層Ｆ→Ａ層。

>> 4. 地層の対比

　離れた地域の地層が同じ時代の地層かどうかを決めることを，**地層の対比**といいます。

❶ 鍵層による対比

　地層の対比に役立つ地層を**鍵層**（かぎそう）といいます。

> 鍵層って難しい感じがしますが，なにか特別に意味があるんですか？

　鍵層は英語で「key bed」とかいて，key が鍵，bed が地層を表すんですよ。重要な用語を「key word」，事件などを解決するときの重要な事柄を「事件を解く鍵」というように使いますよね。これと同じで鍵層は，たくさん重なっている似た地層を読み解くときの重要なヒントとなるような地層のことをいうんです。

(1)　鍵層の条件
- ・　比較的短期間に堆積した。
- ・　広範囲に分布する。
- ・　ほかの地層と区別がつきやすい。

(2)　鍵層の例：**火山灰**（かざんばい）や**凝灰岩**（ぎょうかいがん）（火山灰が堆積岩になったもの）

　火山噴火の期間は非常に短く，噴出した火山灰は広範囲に分布します。しかも，同じ火山から噴出した火山灰であっても，噴火した時期によって，鉱物組成が異なります。火山灰層や凝灰岩層は，ほかの地層と比較して色が特徴的であることから，地層中で非常に目立ちますよ。

(3)　鍵層を使った地層の対比の例

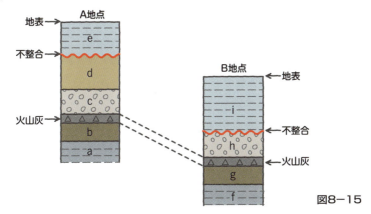

図8−15

- 地表から地下に向かって地層の分布を示した図を<ruby>柱状図<rt>ちゅうじょうず</rt></ruby>といいます。
- **図8−15** は A 地点と B 地点の柱状図で，同じ模様の地層は同じ種類の<ruby>砕屑物<rt>さいせつぶつ</rt></ruby>からできています。
- 両地域に分布する火山灰層が，同じ火山から同時期に噴出して堆積したもので，この火山灰層を鍵層とします。
- A 地点の b 層と B 地点の g 層は同じ時代の地層です。理由は **b 層，g 層ともに鍵層である火山灰層の直下にある地層**だからです。
- 同様に A 地点の c 層と B 地点の h 層は同じ時代の地層です。理由は **c 層，h 層ともに鍵層である火山灰層の直上にある地層**だからです。

❷ 示準化石による対比

地質時代を表す示準化石は，**火山灰が届かないような，非常に広い範囲の地層の対比に役立ちます。**

なんで，示準化石が鍵層の代わりになるんですか？

p.142 の示準化石の条件と p.148 の鍵層の条件を，よく見比べてみるといいですよ。ほとんど同じであることがわかりますよね。

・**図8−16** は C 地点と D 地点の柱状図で，同じ模様の地層は同じ種類の砕屑物からできています。

・C 地点の ℓ 層と D 地点の o 層からは中生代の示準化石が，C 地点の m 層と D 地点の q 層からは新生代の示準化石が産出します。

・**C 地点の ℓ 層と D 地点の o 層は，示準化石から同じ中生代に堆積した**ことがわかります。

・**C 地点の m 層と D 地点の q 層は同じ新生代に堆積した**ことがわかります。

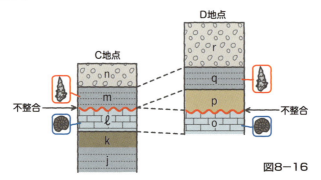

図8−16

練習問題

　図Ⅰは，化石として産出する生物 a 〜 c が生息した年代を表したものである。図2は，X 地域，Y 地域で地面を垂直方向に掘ったときの地層の分布の様子を表し，地層Ⅲおよび地層Ⅴ中に挟まれている薄い凝灰岩層は同一の地層である。また，図2中に各地層に産出する化石 a 〜 c を対応させた。X・Y 地域の地層の逆転はなく，断層も存在しない。

　図Ⅰと図2を参考にして，X 地域，Y 地域の地層について述べた文として最も適当なものを，①〜④のうちから一つ選べ。

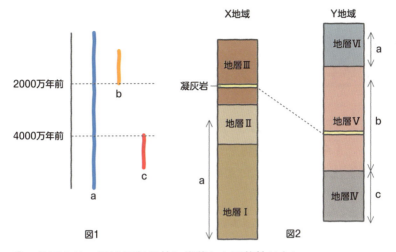

図1　　　　　　　　　図2

① 地層Ⅰは，2000万年以前に堆積した可能性はない。

② 地層Ⅱは，地層Ⅵとほぼ同じ時代に堆積したと決定できる。

③ 地層Ⅳは，地層Ⅰ〜Ⅵのうち最も古い地層と決定できる。

④ 地層Ⅳと地層Ⅴの境界の関係は不整合の可能性がある。

解答 ④

解説

　凝灰岩には化石 b が産出するため，2000万年以降に堆積した。

①地層Ⅰは凝灰岩よりも下位にあるため，2000万年以前に堆積した可能性がある。よって，誤りである。

②地層Ⅱは凝灰岩よりも下位にあるため，2000万年以前に堆積した可能性がある。地層Ⅵは凝灰岩よりも上位にあるため，2000万年以降に堆積した。よって，同じ時代に堆積したとは言い切れない。

③地層Ⅰは2000万年以前に堆積した可能性があり，地層Ⅳは化石 c を産出するため4000万年以前に堆積した。しかし，地層Ⅳは地層Ⅰよりも古いとは言い切れない。よって，誤りである。

④地層Ⅴは化石 b を産出するため2000万年以降に堆積した。地層Ⅳは4000万年以前に堆積したため，時代に2000万年以上の開きがある。よって，不整合であると考えられる。

Theme 9
古生物の変遷

>> 1. 先カンブリア時代
（46 億年前〜 5.4 億年前）

❶ 冥王代（46 億年前〜 40 億年前）：地球上に岩石の記録がない時代

(1)　地球の誕生：46 億年前

　微惑星が衝突・合体をくり返して誕生しました。

> 微惑星とは，どんな惑星ですか？

　おもに岩石成分や，鉄などの金属成分からなるもので，直径が 1〜10 km 程度の小さな天体なんです。今から 46 億年前，太陽系が誕生するときに多数形成されました。

(2)　大気の形成

　微惑星に含まれていたガス成分である水蒸気(H_2O)，二酸化炭素(CO_2)，窒素(N_2)が衝突によって放出され，原始大気となりました（**図9−1**）。

(3)　マグマオーシャン

　微惑星の衝突の熱と，大気による**温室効果**によって，表面温度が高くなり，地表には**マグマオーシャン**（マグマの海）ができました（**図9−1**）。

> 大気による温室効果って，どういう意味ですか？

　水蒸気（H_2O）や二酸化炭素（CO_2）は温室効果ガスとよばれます。 地表から放出される熱（赤外線）を宇宙に逃がさず，地表付近を高温に保つはたらきがあるんですよ。くわしくは Chapter 3 の Theme 11 で扱います。

⑷　地球の層構造の形成

　マグマオーシャンの中で，**重い鉄はマグマオーシャンの底に沈み，軽い岩石成分は浮かび上がります。**このようにして中心部に鉄(Fe)からなる核ができ，そのまわりを岩石質のマントルが取り囲む層構造ができました(**図9−1**)。

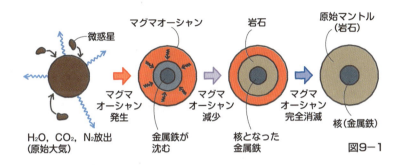

図9−1

⑸　原始海洋の形成

　微惑星の衝突が減少することによって地表付近の温度が低下しました。すると**大気中の水蒸気が凝結して雨となり，海洋が誕生したんです。**

⑹　原始大気の変化(図9−2)

・　水蒸気(H_2O)の減少：地表付近の冷却により凝結して海になりました。

・　二酸化炭素(CO_2)の減少：海水に溶け，海水中のカルシウムイオン(Ca^{2+})と反応して石灰岩($CaCO_3$)となり，海底に固定されました。

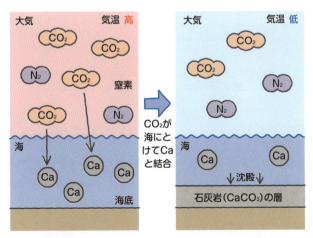

図9−2

❷ 太古代(始生代)(40億年前〜25億年前):原核生物の誕生

(1)　最古の岩石:約40億年前の片麻岩,約38億年前の堆積岩と<u>枕状溶岩</u>があり,このころには海洋が形成されていたことがわかります。

> 枕状溶岩ってどのような溶岩でしたっけ？

　水中に溶岩が流れ出すと急冷して,**図9−3**のような枕を積み重ねたような形状を示すんですよ。これが枕状溶岩です。p.109でも説明しましたね。

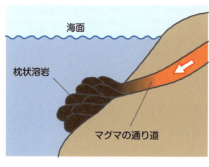

(写真提供:群馬大学)

図9−3

(2)　最古の化石:約35億年前のチャートから,核膜をもたない微生物(原核生物)が見つかっています。

　最初の生物は深海底にある**熱水噴出孔**のまわりで誕生した可能性が指摘されています。

> 熱水噴出孔とは,どういうものなんですか？

　海嶺付近の海底などで,マグマに暖められた熱水が海底から噴き出しているところがあり,これを熱水噴出孔といいます。熱水中には硫化水素や金属などの無機物が含まれており,このような高温で水圧が高い条件下でも生息できる微生物がいるんです。最初の生物も,このような場所で発生した可能性があると,考えられています。

(3)　光合成生物の出現：約27億年
前以降，藍藻類の**シアノバクテリ
ア**が**図9−4**のような**ストロマト
ライト**という層状の構造物を作り
始めました。**シアノバクテリアは
光合成を行い**，その結果，海水
中に酸素(O_2)が放出されました。

藍藻類が集団で
ストロマトライト
という層状構造を
作った

表面　内部

図9−4

光合成って，どういうはたらきでしたっけ？

　太陽の光を使って，二酸化炭素と水から有機物と酸素をつくる反応で
すよ。有機物は生物の体の成分となり，酸素は気体として放出されます。

③ **原生代**(25億年前〜5.4億年前)：真核生物の出現

(1)　縞状鉄鉱層の形成：海水中に溶けていた鉄イオンが光合成によって生
成した酸素と反応して**酸化鉄となり，海底に堆積**して**縞状鉄鉱層**が
形成されました(**図9−5**)。

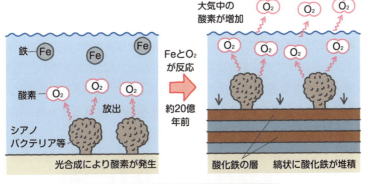

鉄—Fe　Fe　Fe

酸素—O_2　O_2　O_2　放出

シアノ
バクテリア等

光合成により酸素が発生

FeとO_2
が反応

約20億
年前

大気中の
酸素が増加　O_2　O_2　O_2

O_2　O_2　O_2　O_2

酸化鉄の層　縞状に酸化鉄が堆積

縞状鉄鉱層の標本
図9−5

⑵ 大気の変化：25 億年前以降，光合成生物が増加しました。これによって図９−６のように，**大気中の酸素濃度は増加し，二酸化炭素濃度は減少していった**んですよ。

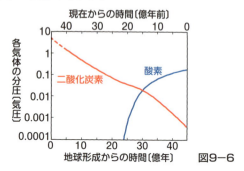

図９−６

⑶ **全球凍結（スノーボールアース）**：約 23 億年前に 1 回と約 7 億年前に 2 回，地球は寒冷化して，**地表全体が氷におおわれた**と考えられています。これは世界各地の当時の地層中に，氷河堆積物が見つかっていることから推測されました。

どうして地球がすべて凍ってしまうほど，
寒くなったんですか？

　なんらかの原因で，温室効果ガスである二酸化炭素濃度が減少して寒冷化した説が有力です。また 1 回目の全球凍結後，真核生物が発生，3 回目の全球凍結後は大型生物が誕生しています。このように，**生物の大進化に大きな影響を与えている**ことが指摘されているんですよ。

⑷ 真核生物の出現：約 19 億年前に**真核生物**が出現しました。真核生物は核膜やミトコンドリアなどの複雑な組織をもつ生物です。真核生物は海水中の酸素濃度の増加に対応し，エネルギーを多量に生み出せる酸素呼吸を効率よく行う機能をもっています。そしてその中から，原生代中期に**多細胞生物**が現れました。

⑸ エディアカラ生物群（約 6 億年前）：全球凍結終了後，**南オーストラリアの砂岩から，硬い組織をもたない大型の多細胞生物群が見つかりました。これをエディアカラ生物群**といいます（図９−７）。

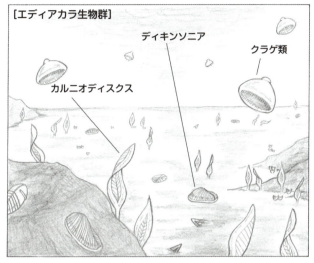

[エディアカラ生物群]

ディキンソニア

クラゲ類

カルニオディスクス

図9−7

先カンブリア時代の化石 **Point!**

・シアノバクテリア：光合成をはじめた生物
・エディアカラ生物群：硬い組織をもたない大型の多細胞生物群

練習問題

　地球誕生から現在までの46億年間を1年のカレンダーと見立て，1月1日を地球誕生とすると，先カンブリア時代の終わりはいつごろか。最も適当なものを，次の①〜④のうちから1つ選べ。

①　2月18日
②　5月　4日
③　7月31日
④　10月18日

解答 ④

解説

　先カンブリア時代の終わりが 5.4 億年前なので，地球誕生から
　　46－5.4＝40.6 億年経過している。
46 億年を 12 ヵ月，40.6 億年を x ヵ月とするとする。
　　46：12＝40.6：x　　　　x≒10.6
　よって，1 月 1 日よりおよそ 10 ヵ月半経過したことになる。

>> 2. 古生代（5.4 億年前～ 2.5 億年前）

　古生代以降の時代を顕生代とよび，**古生代・中生代・新生代**に区分
されます。顕生代のはじまりから化石の産出が豊富になります。生物の進
化が進み，**硬い殻や骨格をもった生物が出現した**からです。

❶ カンブリア紀（5 億 4100 万年前～ 4 億 8500 万年前）

⑴　カンブリア紀の大爆発：**カンブリア紀には，多種多様な硬い殻や
骨格をもった動物が，爆発的に増加**しました。このような現象を**カ
ンブリア紀の大爆発**といいます。

　　　　　なぜ，動物が突然そんなに増加したんですか？

　温暖な気候や海水中の酸素濃度が増加したことによって，活発に動く
ことができる動物が増加したからです。そして，ほかの生物を食べる動
物が現れたことから，進化が進んだと考えられているんですよ。

⑵　**澄江動物群とバージェス動物群**：中国やカナダ西部で見つかった，
カンブリア紀中期の多様な化石群です（図9－8）。
　バージェス動物群は進化の実験場とよばれていて，時代に最も適した
生物だけが，次の時代に続いたと考えられているんですよ。

[バージェス動物群]　アノマロカリス

オパビニア　ウイワクシア

図9−8

変わった生物が多いですね。

これらの生物の中で生き残った生物は
どれですか？

　図９−９の三葉虫は古生代に繁栄した生物で，**節足動物である昆虫
やエビ・カニの祖先**と考えられています。三葉虫の化石は p.142 で見ま
したね。また，**脊椎動物（私たち）の祖先は図９−10 のピカイアでは
ないか**といわれていますよ。

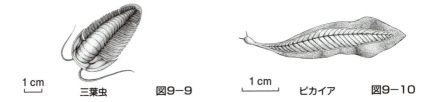

1 cm　　三葉虫　　図9−9　　1 cm　　ピカイア　　図9−10

(3)　カンブリア紀の中頃には，脊椎動物である**魚類**が誕生しました。

❷ **オルドビス紀**（4 億 8500 万年前〜 4 億 4300 万年前）

(1)　海の中で**筆石**（図９−11）とよばれる生物やサンゴの仲間，三葉虫が
　繁栄した時代です。

筆石   図9−11

(2)　成層圏に**オゾン層**が形成されました。地衣類や節足動物の上陸もオルドビス紀といわれています。

(3)　この時代の終わりに1回目の**大量絶滅**がありました。

大量絶滅ってなんですか？
"1回目" ということは，何度もあったんですか？

　　大量絶滅とは，短い期間で多くの動物が地上から姿を消してしまうことです。古生代から現在までに，大量絶滅は少なくとも5回ありました。くわしくはp.163で説明します。

③ シルル紀（4億4300万年前〜4億1900万年前）

(1)　今から約4億年前には，成層圏にオゾン層が形成されていたと考えられています。そのため，**陸上にさまざまな生物が進出することができる**ようになります。オルドビス紀に上陸した植物と異なり，陸上での生活に適応した組織をもつ**図9−12**の**クックソニア**が現れました。それに続いて体が根・茎・葉に分かれた**シダ植物**が進出しました。また，昆虫の仲間も陸上に上がったと考えられています。

1 cm
クックソニア   図9−12

オゾン層と生物の陸上進出には，どのような関係があるんですか？

　　オゾンの化学式は O_3 で，大気中の酸素（O_2）濃度が増加すると，その一部がオゾンに変化するんです。**オゾンは生物に有害な太陽からの紫外線を吸収する**ため，地上に届く紫外線が減少したんですよ。これによって，生物の陸上進出が容易になったと考えられているんです。

⑵　海ではクサリサンゴ（**図9－13**），ウミサソリ（**図9－14**），ウミユリ（**図9－15**）などが繁栄しました。

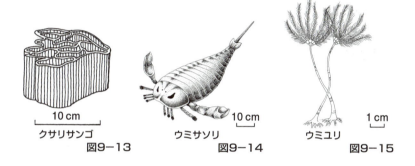

クサリサンゴ	ウミサソリ	ウミユリ
10 cm	10 cm	1 cm
図9－13	図9－14	図9－15

❹ **デボン紀**（4億1900万年前～3億5900万年前）

⑴　海では**魚類**が繁栄しました。

⑵　陸上には水際で生活できる，**両生類**のアカントステガやイクチオステガ（**図9－16**）が進出しました。**これらは魚類から分かれたもの**と考えられています。

10 cm

イクチオステガ　　　　**図9－16**

⑶　陸上では，**シダ植物**が森林を形成し始めました。デボン紀の後期には，陸上の乾燥した環境にも適応できる**裸子植物**（ら し）の祖先が出現しています。胞子でふえるシダ植物と異なり，裸子植物は種子でふえます。

⑷　この時代の終わり頃に2回目の大量絶滅がありました。

❺　石炭紀（3億5900万年前〜2億9900万年前）

⑴　陸上ではシダ植物であるロボク（**図9－17**），リンボク（**図9－18**），フウインボク（**図9－19**）などが繁栄し，森林が広がりました。**光合成のはたらきなどにより大気中の酸素濃度が上昇した**ため，大型の**昆虫類**も繁栄しました。

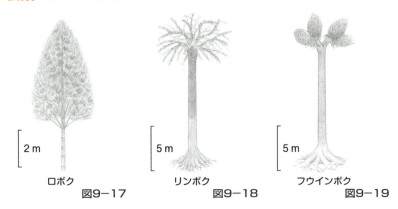

2 m　ロボク　図9－17

5 m　リンボク　図9－18

5 m　フウインボク　図9－19

⑵　殻に包まれた卵を産む**は虫類**と，哺乳類につながる動物である**単弓類**（たんきゅう）が誕生しました。いずれの生物も乾燥した大陸地域の環境に適応したものです。

石炭紀という名前は，燃料の石炭となにか関係があるんですか？

　関係あります！　**シダ植物の遺骸**（い がい）**が分解されずに石炭になった**んです。石炭は，石炭紀のシダ植物によって，大気中の二酸化炭素が地層中に固定されたものなんですよ。だから石炭のような化石燃料を燃やすと，二酸化炭素が発生するんです。

❻ ペルム紀（2億9900万年前〜2億5200万年前）

⑴　プレート運動によって，大陸が合体して**超大陸パンゲア**が形成され
ました。

⑵　海では**図9−20**の**紡錘虫（フズリナ）**，サンゴ，二枚貝などが繁栄
しました。フズリナの化石はp.142で見ましたね。日本列島各地にみら
れる石灰岩（$CaCO_3$）の多くは，この時代のこれらの古生物の化石から構
成されているんですよ。

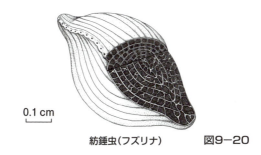

0.1 cm

紡錘虫（フズリナ）　　　図9−20

⑶　陸上では，は虫類や単弓類が繁栄しました。

⑷　この時代の終わり（2億5000万年前）に3回目の大量絶滅がありまし
た。**大量絶滅は図9−21に示すように5回ありましたが，ペルム紀
末のものがそのうち最大規模で**，海生無脊椎動物の90％以上の種が絶
滅しました。

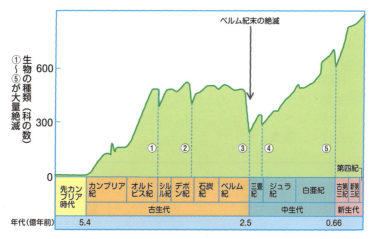

図9−21

ペルム紀末の大量絶滅の原因は，わかっているんですか？

　図9−22に示した大気中の酸素濃度の変化から，**ペルム紀末の2億5000万年前に酸素濃度が急激に減少**して，地球環境に大きな変化が生じていることがわかりますね。この原因はよくわかっていないんですが，巨大なホットプルーム(p.61)の上昇にともなう，**火山活動によって気候変動が起きた**とする説が有力なんですよ。

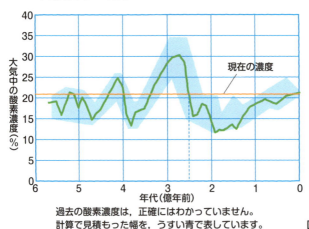

過去の酸素濃度は，正確にはわかっていません。
計算で見積もった幅を，うすい青で表しています。　　　　図9−22

Point!

| 古生代の示準化石 |

・前期：バージェス動物群
・中期：クサリサンゴ，ウミサソリ，クックソニア
・後期：ロボク，リンボク，フウインボク，紡錘虫（フズリナ）
・全般：三葉虫，ウミユリ

練習問題

　大気の成分および気候の変動について述べた文として最も適当なもの
を，次の①〜④のうちから１つ選べ。

①　植物が繁栄すると，地球は寒冷化しやすい。
②　化石燃料を使用すると，酸素濃度は増加しやすい。
③　石灰岩の生成が盛んになると，二酸化炭素濃度は増加しやすい。
④　二酸化炭素濃度が増加すると，オゾン濃度は増加しやすい。

解答　　①

解説

①　植物が繁栄すると光合成が盛んになり，大気中の温室効果ガスである
　　CO_2 濃度が減少するため，地球は寒冷化しやすくなる。よって，正しい。
②　化石燃料は炭素（C）を多量に含んでおり，それを燃焼させると CO_2 を
　　発生させる。燃焼には大気中の酸素を使うため，酸素濃度は減少する。
　　よって，誤り。
③　石灰岩の化学組成は $CaCO_3$ で海に溶けている CO_2 を固定する役割が
　　ある。石灰岩が生成されるとき，大気中の二酸化炭素は海に溶けて減少
　　する。よって，誤り。
④　オゾン（O_3）は，大気中の酸素（O_2）の一部が変化したものである。二酸
　　化炭素濃度とオゾン濃度は，直接関係しない。よって，誤り。

≫ 3. 中生代（2.5 億年前〜 6600 万年前）

ペルム紀の大量絶滅を生き残った生物の中から，は虫類が繁栄しました。

いよいよ，恐竜の時代ですね。

　そうですね。でも恐竜の姿だけに目を奪われるのではなく，いろいろな地学現象と結びつけて勉強していきましょう。中生代は顕生代の中でも温暖な気候が続き，恐竜や海中の生物も増加したんですよ。

❶ 三畳紀（トリアス紀）（2億5200万年前～2億100万年前）

⑴　**超大陸パンゲアが分裂・移動をはじめました。**

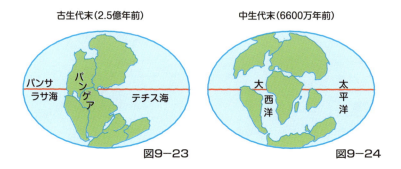

古生代末（2.5億年前）　　　　　中生代末（6600万年前）

パンサラサ海　パンゲア　テチス海　　大西洋　太平洋

図9－23　　　　　　　　　図9－24

⑵　ペルム紀の大絶滅を生き延びた，単弓類が繁栄しました。

⑶　は虫類から**恐竜**が出現しました。

⑷　**哺乳類**（ほにゅうるい）が出現しました。

　へ～。恐竜と哺乳類は同じ時代に誕生したんですね。でも哺乳類は中生代の間，目立たなかったんですよね。なぜですか？

　これはいろいろな説があるんですよ。その1つとしてペルム紀末の大量絶滅の後，中生代に入ってからも p.164 の**図9－22** のように低酸素状態が続いたことがあります。**恐竜が繁栄したのは，哺乳類より低酸素環境に適した肺を持っていたからだ**と考える説があるんですよ。

⑸　海では**アンモナイト**，モノチスが繁栄しました。

⑹　この時代の終わりに4回目の大量絶滅がありました。

1 cm　　アンモナイト　　図9-25

2 **ジュラ紀**（2億100万年前〜1億4500万年前）

(1)　陸上には恐竜，海には魚竜，空には翼竜が繁栄しました。これらは大型は虫類の仲間です。

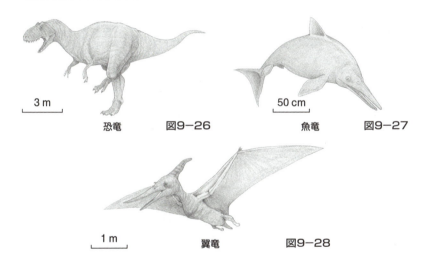

3 m　　　　恐竜　　図9-26　　　　50 cm　　　魚竜　　図9-27

1 m　　　翼竜　　　図9-28

(2)　**裸子植物**が繁栄しました。

裸子植物って今も生えている植物としては，どんなものがありますか？

イチョウやソテツ，マツやスギの仲間がそうですよ。

(3)　は虫類から**鳥類**が出現しました。ジュラ紀に現れた，鳥類に近い生物として，始祖鳥（アーキオプテリックス）（図9-29）が有名です。

<u>10 cm</u>　　始祖鳥（アーキオプテリックス）　　図9−29

❸ **白亜紀**（1億4500万年前〜6600万年前）

(1) ジュラ紀に続き，**大型は虫類の繁栄**が続きました。

(2) 海ではアンモナイト，イノセラムス（**図9−30**），トリゴニア（三角貝）などが繁栄しました。

東京サイエンス

⊢ 1 cm　　イノセラムス　　図9−30

(3) 火山活動が活発化し，温暖な気候が続きました。

なんで火山活動が活発になると，地球は温暖化するんですか？

　p.102の火山ガスの成分とp.152の温室効果ガスを思い出してください。火山ガスの成分である二酸化炭素濃度が増加し，地球が温暖化したんですよ。

(4) 裸子植物にかわって，花を咲かせる<ruby>被子植物<rt>ひ し</rt></ruby>が繁栄するようになりました。

⑸　この時代の終わり(6600万年前)に5回目の大量絶滅がありました(p.163 図9-21 参照)。陸上の恐竜や海中のアンモナイトなどが絶滅しました。**原因として，直径約10kmの巨大隕石の衝突によって環境が激変したため**だと考えられています。

> どうして，巨大隕石が衝突したとわかったんですか？

　メキシコの**ユカタン半島**沖に隕石衝突の痕跡であるクレーターが見つかっているんです。また隕石衝突によって巻き上げられた塵が，世界各地の白亜紀末の地層から見つかっているんですよ。

Point!

| 中生代の示準化石

アンモナイト，イノセラムス，トリゴニア，モノチス

練習問題

　中生代末のできごとについて述べた次の文 a ～ c の正誤の組合せとして最も適当なものを，右下の①～⑧のうちから1つ選べ。

a　中生代末以降に鳥類や哺乳類が出現した。
b　巨大隕石衝突によって，大量絶滅が起こったと考えられている。
c　中生代に繁栄したアンモナイトなどの海中の生物が絶滅した。

	a	b	c
①	正	正	正
②	正	正	誤
③	正	誤	正
④	正	誤	誤
⑤	誤	正	正
⑥	誤	正	誤
⑦	誤	誤	正
⑧	誤	誤	誤

解答　⑤

解説

a　哺乳類は中生代三畳紀に，鳥類はジュラ紀に出現した。よって，誤り。

b　直径約 10 km の隕石がメキシコのユカタン半島沖に衝突したといわれている。よって，正しい。

c　アンモナイトのほかに中生代に繁栄したトリゴニア，イノセラムスなどの海中の生物も絶滅した。よって，正しい。

≫ **4. 新生代（6600 万年前〜現在）**

白亜紀の大量絶滅を生き残った生物の中から**哺乳類が繁栄**しました。

❶ 古第三紀（6600 万年前〜 2300 万年前）

(1)　現在の哺乳類の祖先のほとんどが出現しました。

(2)　暖かい海には，大型有孔虫である**カヘイ石**（ヌンムリテス）が繁栄しました。有孔虫とは石灰質の殻と網状の仮足をもつ原生生物のことです。

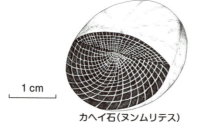

1 cm

カヘイ石（ヌンムリテス）　　図9−31

> カヘイ石という名前の生物なんて，おもしろいですね。

　カヘイ石は貨幣石とかいて，ちょうどコインのような形と大きさをしているんです（p.143 の**図8−4**）。ピラミッドをつくっている石材は石灰岩で，カヘイ石をたくさん含んでいます。

(3)　被子植物が繁栄しました。

❷ 新第三紀(2300 万年前〜 260 万年前)

(1)　暖かい海では巻貝の仲間である**ビカリア**(**図9−32**)が繁栄しました。

(2)　海辺には哺乳類の**デスモスチルス**(**図9−33**)が繁栄しました。

(3)　約 700 万年前に最初の人類である初期の**猿人**(サヘラントロプス・チャデンシス)が誕生しました。

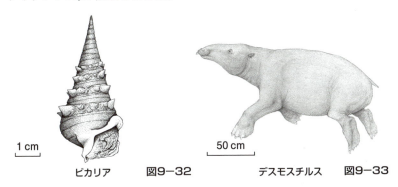

1 cm　ビカリア　**図9−32**　　50 cm　デスモスチルス　**図9−33**

❸ 第四紀(260 万年前〜現在)

(1)　260 万年前〜現在に続く時代です。

(2)　大陸を氷河が広く覆う寒冷な**氷期**と，地球全体が温暖な**間氷期**をくり返す時代です。**氷期は寒冷で，大陸に氷河が発達して海面が低下し，間氷期は温暖になって氷河が減少し，海面が上昇**しました。

何で気温が変化すると，海面が上がったり下がったりするんですか？

　海の水は蒸発して雲になり，陸で雨を降らせて，その水が川となって海に戻ります。だからふつうは，海水の量が急に変化することはありません。しかし氷期になると，雨が雪になって陸上に降り積もり，氷河となって大陸上に蓄積されるため，海に戻る川の水の量が減少してしまいます。そのため，海水の量が減るんですよ。

⑶　**マンモス**やナウマン象が繁栄しました。

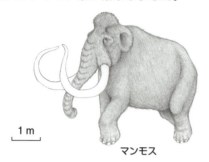

1 m

マンモス　　　　　図9-34

⑷　**約1万年前に最後の氷期が終わり**，現在まで温暖な気候が続いて
います。260万年前から約1万年前の年代を更新世，約1万年前の最終
氷期終了後，現在までを完新世といいます。

❹ 人類の進化

⑴　最初の人類（猿人）：アフリカ大陸で新第三紀の約700万年前に，初期
の猿人であるサヘラントロプス・チャデンシス，続いて約400万年前に
同じく猿人であるアウストラロピテクスが誕生しました。

猿と人の違いって，なんですか？

難しい質問ですねぇ！　**猿人（人類）の定義の1つとして，直立二
足歩行ができたこと**があげられますね。

⑵　**原人**：第四紀の約200万年前に猿人と原人の中間種であるホモ・ハ
ビリスが誕生し，その後，原人であるホモ・エレクトスへと進化しまし
た。ホモ・エレクトスは**アフリカを出てユーラシアに分布を拡大した**
んですよ。

⑶　**旧人**：約20万年～3万年前にヨーロッパなどでネアンデルタール人
が分布していました。

⑷　**新人**：約20万年前にアフリカで，**現代人の直接の祖先であるホモ・
サピエンス**が出現しました。

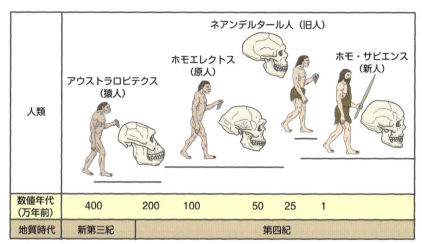

人類	アウストラロピテクス（猿人）／ホモエレクトス（原人）／ネアンデルタール人（旧人）／ホモ・サピエンス（新人）					
数値年代（万年前）	400	200	100	50	25	1
地質時代	新第三紀	第四紀				

図9−35

練習問題

　第四紀について述べた文として，最も適当なものを，次の①〜④のうちから1つ選べ。

① 人類は第四紀の初めにアフリカで誕生した。
② ビカリアが浅い海で繁栄していた。
③ 氷期と間氷期がくり返された。
④ この時代に大量絶滅があった。

解答　③

解説

① 人類の誕生は新第三紀である。よって，誤り。
② ビカリアの繁栄は新第三紀である。よって，誤り。
③ 少なくとも7回氷期と間氷期がくり返された。よって，正しい。
④ 最後の大量絶滅は白亜紀末である。よって，誤り。

Chapter 3
大気と海洋 ～天気はなぜ変化するの？～

　Chapter 3 では，まず空気と天気の変化について勉強していきます。

　私たちが吸っている空気はどれくらいの高さまであるか知っています
か？　ちなみに地球でいちばん高い山であるエベレストは 8848 m，流星
が光る高度が約 100 km，ISS（国際宇宙ステーション）の軌道の高度はおよ
そ 400 km ですよ。

図1　　　　　　　　　図2　　　　　　　　　図3
株式会社フォトライブラリー　　株式会社データクラフト　　株式会社データクラフト

　う～ん。エベレストと流星の間の高度 50 km くらいかな？

　不正解！　空気は，ISS 軌道のさらに上空である，高度 500 ～ 1000 km
まで存在すると考えられているんです。

　え～!!　宇宙船の外に出ても空気があるんですね。

　天気の変化は空気があるから起こるんですよね。という
ことは，高度 400 km でも雨が降ったりするんですか？

もちろんISSの高度では，空気はとても薄く，呼吸ができるほどあるわけではないんです。また，雨や雪が降ったりするような天気の変化は，空気がたくさんある上空およそ11kmまでと限られています。

飛行機が水平飛行をする高さはおよそ11kmです。これは**雲の上限の高さがおよそ11km**だからです。安全のために飛行機は，天気の影響を受けない高度を飛ぶんですね。

私たちの生活に密着している天気の変化は，地球の半径 6400km と比較してわずか $\dfrac{11\,\mathrm{km}}{6400\,\mathrm{km}} \fallingdotseq \dfrac{1}{640}$ の非常に薄い世界の中での出来事なんですね。

天気の変化は，毎日の生活に密着した出来事ですね。テレビや新聞，インターネットなどで天気予報は毎日更新されていくので，確認していくと興味もわいて，勉強に効果的ですよ。

Chapter 3 では，次に大規模な大気や海洋の運動を勉強していきます。日本では，天気の変化はたいてい西から東になるのですが，知っていますか？

はい。西の沖縄付近にいる台風がだんだん九州から四国，本州，さらに東へ進んでいきますもんね。

そうですね。日本の上空には<ruby>偏西風<rt>へんせいふう</rt></ruby>とよばれる西風が，1年を通して吹いているんですよ。だから**台風は西から東へと偏西風に押し流されて，進んでいくんです。**

偏西風は日本付近だけではなくて，中緯度地域の上空では北半球，南半球ともに吹いています。**表1**の東京―サンフランシスコ間の飛行機の飛行時間の例を見てください。

表1

都市間	所要時間
東京　⟶　サンフランシスコ	9 時間 30 分
サンフランシスコ　⟶　東京	11 時間

東京からサンフランシスコに行くときのほうが，
帰りのときより 1 時間 30 分短くてすみますね。

　東京からサンフランシスコに行くときは，飛行機の進む方向と偏西風の風向きが同じであるため，飛行機は風に押し流されて速く進みます。逆に，サンフランシスコから東京に帰るときは，飛行機の進む方向と偏西風の風向きが逆になるため，飛行機は風に逆らって進むので，遅くなるんです。
　緯度によって，低緯度では貿易風，中緯度では偏西風，高緯度では極偏東風がつねに吹いています。これらの風は地球の温度を一定に保つために重要な役割を果たしているんですよ。

地球の温度を一定に保つことと，風はどんな
関係があるのですか？

図4

　図4のように，低緯度地域は太陽の光がほぼ垂直に当たるため温度が上がりやすく，高緯度地域は太陽の光が斜めから当たるため，温度が上がりにくいんです。

　このままでは，低緯度地域はどんどん温度が上がってしまい，逆に高緯度地域はどんどん温度が下がってしまいます。でも，そんなことはないですよね。それは風が暖かい空気や冷たい空気を運ぶことによって，地球の温度を一定に保つようにはたらいているんです。日本で吹く南風，北風と温度の関係を考えてみるといいですよ。

南風は暖かくて，北風は冷たいですね。

　南風は低緯度にある暖かい空気を高緯度に，北風は高緯度の冷たい空気を低緯度に運んでいるからです。
　地球の温度を一定に保つ役割は，風だけではなく**寒流**や**暖流**といった海流も大きな役割を担っています。風や海流は，私たちが暑すぎず，寒すぎずといった，住みよい環境をつくり出している重要な現象なんですよ！

Theme

大気の構造

>> 1. 地球の大気と大気圧

❶ 大気の組成

(1) 大気の主成分

水蒸気を除くと，大気の大部分は**窒素（N_2）**と**酸素（O_2）**でできています。**その割合は $N_2：O_2＝4：1$** です。大気の組成の割合は，高度約 80 km まで一定なんですよ。

> 大気には，窒素と酸素以外の成分はないんですか？
> たとえば二酸化炭素とか…。

二酸化炭素（CO_2）も含まれていますが，窒素や酸素に比べると，ごく微量なんです。

(2) その他の大気の成分

表 10−1 のように，大気中の体積比では窒素と酸素が合計で約 99％ を占めているんです。微量な成分として，アルゴン（Ar）や二酸化炭素（CO_2）などが存在するんですよ。

表 10−1　大気の組成

気　体	体積%
窒　素	78
酸　素	21
アルゴン	0.9
二酸化炭素	0.04

※水蒸気（H_2O）は，1〜4％含まれているが，時間や場所によって変化が大きいため，除いている。

> ## 大気中の二酸化炭素　　**Point!**
>
> 地球温暖化の原因物質である二酸化炭素が，大気全体に対して占める体積の割合は，現在 0.04% だが，その量が人間活動によって少しずつ増加している。

② 大気の圧力

⑴　気圧

　ある場所における，それより上部の大気の，単位面積当たりの重さを **気圧** といいます。地表（高度 0 m）における平均大気圧（1 気圧）は，**1013 hPa**（ヘクトパスカル）になります。

　　　　　単位面積当たりの重さとか，ヘクトパスカルとか
　　　　　気圧のイメージがわかないのですが…。

　目には見えませんが，空気中には空気をつくっているたくさんの分子が飛んでいます。私たちの頭にはそれらの粒子がのっているんです。空気を構成する気体分子の重さが気圧です。1 気圧は，**図 10-1** のように，1 cm²（1 cm×1 cm の正方形）に 1 kg の重さがかかっていることを表します。

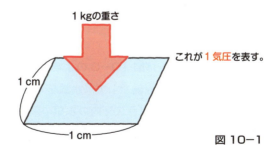

1 kgの重さ

これが **1 気圧** を表す。

1 cm

1 cm

図 10-1

すごく大きな力ですね！　なんで私たちは
その力でつぶされないんですか？

　物体は，上からだけでなく，すべての方向から同じ大きさの力を受けて
いるからです。たとえば，地表で空気の入ったボールがつぶれないのは，
図10−2 左図のように**内側と外側の気圧がつり合っている**からです。

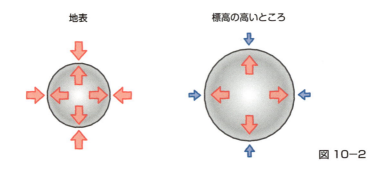

地表　　　　　　　　　標高の高いところ

図10−2

　標高の高いところでは，自分より上部にある大気の量が減ることになり，
重さも小さくなりますね。だから，標高の**高いところに行くと気圧が下
がります。**そのため，ボールの外側の気圧が，内側の空気の圧力より小さ
くなることから，**図10−2** 右図のように，ボールは膨らみます。エレベー
ターなどで，高いところに一気に上がると，耳がツーンとしたことがあり
ませんか？　これは，耳の中の鼓膜にかかる外側の気圧が小さくなり，鼓
膜が外側に向かって膨らむからなんですよ。

⑵　トリチェリーの実験

　イタリアの**トリチェリー**は**図10−3**のような実験を行いました。長さ
1mほどのガラス管に水銀を満たして，水銀を入れた水槽の上に立て，ふ
たをはずします。すると，ガラス管内の水銀の液面は下がって，**水槽の
水銀の液面から約76cmで静止**しました。これは，水槽の**水銀の液
面にかかる大気圧**と，ガラス管内の**水銀の重さ（圧力）がつり合う**た
めに起こる現象です。

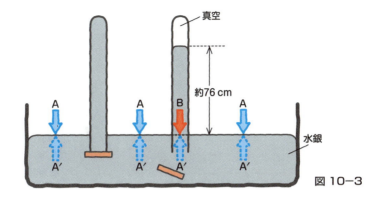

図 10−3

これって，つまりどういうことなんですか？

　空気に接している水槽の水銀の液面には，大気圧がはたらくので，
1 cm² に 1 kg の圧力がかかっています(**図 10−3** の A)。このとき，水槽
の水銀の液面が空気を押し返す圧力も，同じ大きさで向きが逆になってい
ます(**図 10−3** の A′)。ここでガラス管に注目すると，約 76 cm の高さ
で止まった水銀の重さ(圧力)が，水槽の水銀の液面にかかっていますね(**図
10−3** の B)。水銀の密度は約 13.6 g/cm³ ですから，ガラス管の断面積を
1 cm² とすると，76 cm 分の水銀の質量は次の式で表されます。

$$13.6(g/cm^3) \times 76(cm) \times 1(cm^2) ≒ 1000(g) = 1(kg)$$

　したがって，B も，図の A や A′ と同じ大きさの 1 cm² に 1 kg の圧力に
なりましたね。

気圧の大きさは，76 cm の水銀柱の重さ(圧力)と同じ
ということなんですね。

❸ 気圧の高度分布

図 10−4 のように，**気圧は，高度 5.5 km 上空に上がるごとに，およそ半分になります。**

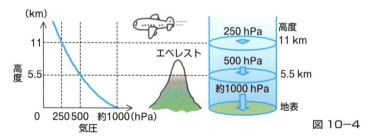

図 10−4

高度 0 m の気圧を 1000 hPa とすると，富士山(3776 m)とエベレスト(8848 m)の気圧はおよそ何 hPa になるか。数値の組合せとして最も適当なものを，次の①〜④のうちから一つ選べ。

	富士山	エベレスト
①	480	180
②	480	300
③	640	180
④	640	300

解答 ④

解説

気圧は高度 5500 m 上昇するごとに半減することから，高度 5500 m の気圧は，$1000 \times \frac{1}{2} = 500$ hPa である。

高度 11000 m の気圧は，$1000 \times \frac{1}{2} \times \frac{1}{2} = 250$ hPa である。

富士山の気圧を P_1 とすると，$1000 < P_1 < 500$ である。

エベレストの気圧を P_2 とすると，$500 < P_2 < 250$ である。

したがって，選択肢より富士山の気圧は 640 hPa，エベレストの気圧は 300 hPa が適当である。

>> 2. 大気圏の構造

　地球を覆っている大気の層を，まとめて<ruby>大気圏<rt>たいきけん</rt></ruby>といいます。大気圏では高度によって気圧が異なることは，p.182 で説明したとおりです。

　そのほかに，温度分布も異なります。**この温度分布の違いによって，**大気圏は，地表から上空に向かって，**<ruby>対流圏<rt>たいりゅうけん</rt></ruby>・<ruby>成層圏<rt>せいそうけん</rt></ruby>・<ruby>中間圏<rt>ちゅうかんけん</rt></ruby>・<ruby>熱圏<rt>ねつけん</rt></ruby>**の4層に分けられます（**図 10−5**）。

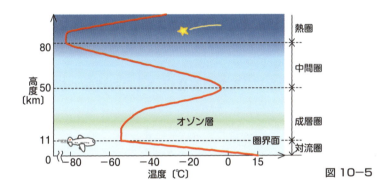

図 10−5

> **Point!**
>
> | 大気の層構造と温度分布の関係 |
>
> 対流圏（上空ほど温度低下）→成層圏（上空ほど温度上昇）
> →中間圏（上空ほど温度低下）→熱圏（上空ほど温度上昇）

❶ 対流圏

⑴　対流圏の領域

　地表〜高度約 11 km までの，**気温が低下し続ける領域を対流圏**といいます。また，100 m ごとに気温がどれだけ下がるかを，**<ruby>気温減率<rt>きおんげんりつ</rt></ruby>**といいます。この値は平均 0.65℃/100 m です。

　対流圏の上限の，成層圏との境目を<ruby>圏界面<rt>けんかいめん</rt></ruby>（対流圏界面）といいます。圏界面の高度は，緯度によって異なり，高緯度では 8 〜 10 km，低緯度では 12 〜 15 km ほどです。また，季節によっても高度は変化します。地表付近の温度が高いときほど，圏界面の高度は高くなる傾向があります。

上空ほど太陽に近いのに，なんで対流圏では
高度が上がると気温が低くなっていくんですか？

　対流圏では，太陽の光は空気ではなく，おもに地表を暖めるんです。暖まった地表から空気が熱をもらって気温が上がります。だから，熱を受け取りやすい**地表に近いほど，気温が高く，地表から遠い上空ほど気温が低くなる**んですよ。

⑵　対流圏の特徴
　雲の発生や降水などの**天気の変化は，おもに対流圏で起こる現象**です。

なんで，対流圏だけで天気の変化が起こるんですか？

　p.182 で学習したように，気圧は高度 5.5 km 上空に上がるごとに半分 $\left(\dfrac{1}{2}\right)$ になるので，圏界面 11 km では $\dfrac{1}{4}$ になります。高度 11 km での気圧というのは言い換えれば，高度 11 km より上にある大気の重さを示しています。それが地表と比べて $\dfrac{1}{4}$ ということは，高度 11 km 以下，すなわち対流圏には，大気圏全体の大気の量の $1-\dfrac{1}{4}=\dfrac{3}{4}$ の量が存在することになります。これは大気の大部分ですね。したがって，**雲や雨の原因となる大気中の水蒸気も，対流圏にその大部分が存在する**ことになります。先ほど説明した通り，対流圏では，地表付近に暖かい空気があり，上空に冷たい空気があります。**暖かい空気は軽いので上昇し，冷たい空気は重いので下降します。**これを対流とよびますよ。このとき，水蒸気が水滴になったり，水滴が蒸発したりして，天気の変化が起こるんですね。

❷ 成層圏

⑴　成層圏の領域

　高度約 11 km 〜 50 km までの，**気温が上昇し続ける領域**を，**成層圏**といいます。

⑵　成層圏の特徴

　オゾン(O_3)を多く含む**オゾン層**が存在し，太陽からの**紫外線**を吸収しています。紫外線は生物に有害なので，それが地表に届くのを防ぐバリアの役割を果たしているんですね。これは p.160 で学習した，生物の陸上進出を思い出してください。

図 10−5 のグラフを見ると，成層圏で，上空ほど気温が高くなっているのはなぜですか？

　それは**オゾンが紫外線を吸収するときに，発熱する**からです。オゾン層は高さ 20 km 〜 30 km に分布するので，そのあたりから気温が高くなっていきます。

❸ 中間圏

⑴　中間圏の領域

　高度約 50 〜 80 km の，**気温が低下し続ける領域を中間圏**といいます。

⑵　中間圏の特徴

　地表から中間圏までは，大気の化学組成はほぼ一定になります(p.178 **表 10−1** 参照)。

❹ 熱圏

⑴　熱圏の領域

　高度約 80 km よりも上空の，**気温が上昇し続ける領域を熱圏**といいます。

⑵　熱圏の特徴

　熱圏の**酸素分子や窒素分子が，太陽からの X 線や紫外線を吸収して分解され，発熱して大気を暖めています。**そのため，高度 200 km 以上では 600℃を超えています。また，熱圏では流星やオーロラが見られます。

なんで，流星やオーロラが熱圏で見られるんですか？

　熱圏にも，薄いながら大気があります。流星やオーロラは，宇宙空間や太陽からやってくる小さな粒子が，この大気の分子や原子とぶつかるときに発光する現象なんですね。これらの現象は，熱圏に空気が存在する証拠になります。なお，熱圏での大気を高層大気といいます。

補足

流星は，宇宙空間にある小さな粒子が，熱圏に突入したときに地球の大気との摩擦熱でプラズマ化して発光する現象。
オーロラは，太陽から放出された電子などの粒子が，熱圏に突入して地球の大気と衝突し，大気中の酸素分子や窒素分子を発光させる現象である。

練習問題

　次の図は，大気圏の温度の変化を示したものである。この図に関連した文として最も適当なものを，次の①～④のうちから一つ選べ。

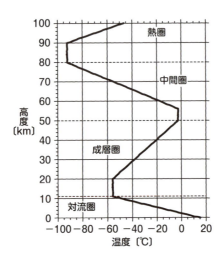

① 対流圏では，高度が 1 km 上昇するごとに温度は約 1℃ずつ低下する。

② 成層圏で上空ほど温度が高くなる原因は，二酸化炭素の層が太陽放射の赤外線を吸収するときに発熱するからである。

③ 中間圏では，高度が 1 km 上昇するごとに温度が低下する割合は，対流圏よりも小さい。

④ 熱圏で上空ほど温度が高くなる原因は，オゾン層が太陽放射の紫外線を吸収するときに発熱するからである。

解答 ③

解説

① 高度 0 km で約 15℃，高度 10 km で約 −55℃と読み取れることから，高度が 10 km 高くなると，温度は 15−(−55)＝70℃低くなることになる。よって，1 km ごとの温度の減少率は，70÷10＝7℃となることから，誤りである。

② 成層圏での温度上昇は，オゾン層が太陽からの紫外線を吸収するときに発熱するからである。

③ 中間圏下限の 50 km の温度は約 −5℃，上限の 80 km の温度は約 −95℃と読み取れることから，高度が 30 km 高くなると，温度は 95−5 ＝90℃低くなることになる。よって，1 km ごとの温度の減少率は 90÷30＝3℃となり，対流圏よりも小さい。

④ 熱圏にはオゾン層はないため，誤りである。

Theme 11
地球のエネルギー収支

>> 1. 太陽放射と地球放射

❶ 電磁波

> 電磁波って何ですか？

　電磁波とは，正確にいうと，電気と磁気の振動が伝わっていく波のことです。ただ，この定義は難しいので，具体的にどんなものが電磁波なのかを，覚えておくだけでいいですよ。**図11−1**のように，電磁波は波長（波の山から山の長さ）の短いほうから **X線**，**紫外線**，**可視光線**，**赤外線**，**電波**の5つに分けられています。人が目で感じることができる領域の電磁波は，「目で視ることが可能な光」という意味から可視光線とよぶんですよ。

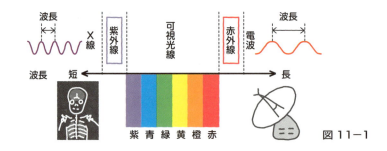

図11−1

> 可視光線の両側にある紫外線や赤外線も，
> 何か意味があるんですか？

　図11-1から可視光線は，波長の短い紫から長い赤に分けられて
いますね。人が目で感じることができる最も波長が短い可視光線は紫なの
で，それより短い電磁波を紫外線といいます。また，最も波長が長い可
視光線は赤なので，それより長い電磁波を赤外線というんですよ。

　紫外線は日焼けの原因になる一方,医療器具の殺菌などに利用されます。
また，赤外線は温度センサーなど，目に見えないものを調べるために利用
されますよ。

2 太陽放射

(1)　太陽放射と電磁波の種類

　太陽は，膨大なエネルギーを電磁波として宇宙空間に放出しています。
これを太陽放射といいます。

> 太陽は電磁波を放射しているんですか。
> 電磁波って5つに分けられていましたけど，太陽が
> エネルギーとして放射するのはどの電磁波ですか？

　太陽が放射するエネルギーのおよそ半分は,可視光線領域の電磁波です。
可視光線だけではなく,紫外線や赤外線なども太陽から放射されています。

(2)　地表に届くまでの太陽放射

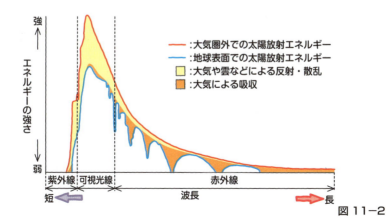

図11-2

　図11-2の赤いグラフは，大気圏外で受ける太陽放射エネルギー，グラフの青線は地球表面で受ける太陽放射エネルギーです。つまり，黄色や橙色になっている部分は，大気圏において吸収されたり反射されたりした太陽放射エネルギー(電磁波)ということです。大気が太陽放射エネルギー(電磁波)に与える影響をまとめておきます。

- 　紫外線は，おもに成層圏のオゾン層(O_3)で吸収されて(p.185参照)成層圏を暖めたり，大気で反射されるため，地表にはほとんど到達していません。

- 　赤外線の一部が，水蒸気(H_2O)と二酸化炭素(CO_2)によって吸収されます。

- 　可視光線の一部は，大気や雲によって反射されますが，大気による吸収は少なく，あまり減少せずに地表に到達します。

❸ 太陽定数

　大気圏のいちばん上の部分(大気の影響がない領域)で，太陽光線に対して**垂直な 1 m² の面が**，1秒間に受け取る太陽放射エネルギー量を**太陽定数**といいます。太陽定数の値は，**約 1370 W/m²** です(W：ワット)。

> 1370 W/m²って，どれくらいのエネルギーなのか全然イメージできないのですが……。

　蛍光灯や電球などにかいてある W 数を見てください。たとえば，学校などでよく使われている蛍光灯は，1本 35 W くらいですね。1370 W÷35 W≒40 なので，太陽の光は，1 m² の面積に蛍光灯を 40 本並べて，光らせた明るさと等しい，と考えるとわかりやすいですね。

(1)　地球が受け取る太陽放射エネルギーの総量

　大気圏のいちばん上の部分で，地球全体が 1秒間に受け取る総エネルギー量 E 〔W〕を計算します。
太陽定数 I〔W/m²〕，地球の半径 R〔m〕を用いると，

$$E = \pi R^2 I \text{〔W〕}$$

で表されます。ここで，πR^2 は地球の断面積を表します。

う〜ん。一体，何をやっているんですか？

　難しいことをやっているわけではありませんよ。太陽が放射するエネルギー，つまり太陽光線が，地球に届くときのことを考えましょう。**図11−3** を見てください。地球は球なので，太陽光線は球に沿った形で届きますが，太陽のほうを向いている面は，すべて太陽光線を受け取りますね。つまり，**地球の断面で太陽光線を受け取ったと考えてよいのです。太陽定数 I〔W/m²〕と地球の断面積 πR^2〔m²〕をかけ算すれば，地球全体が受け取る太陽放射エネルギーが求められるのです。**太陽光線に垂直な断面というところがポイントになります。

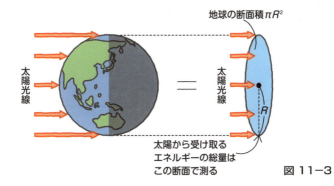

地球の断面積 πR^2

太陽光線

太陽光線

R

太陽から受け取る
エネルギーの総量は
この断面で測る

図 11−3

(2)　地球上の 1 m² で受ける太陽放射エネルギー量の平均

　半径が R の球の表面積は $4\pi R^2$ です。これは中学校の数学で教わったと思いますが，覚えていましたか？

まったく，覚えていませんでした……。

　では，この機会に覚え直しておきましょうね。

　地球全体が受け取る太陽放射エネルギーの総量は，$\pi R^2 I$〔W〕でした。これを，地球の表面積全体 $4\pi R^2$〔m²〕で割ってみましょう。

$$\pi R^2 I\,(\text{W}) \div 4\pi R^2\,(\text{m}^2) = \frac{1}{4}I\,(\text{W/m}^2)$$

$$= \frac{1}{4} \times 1370 \fallingdotseq 340\,(\text{W/m}^2)$$

　地球が**受け取る太陽放射エネルギーは，**緯度や昼夜によって異なりますが，**地球全体で平均すると340 W/m^{2}になる**ということがわかりましたね。

❹ 地球放射

(1)　地球放射と電磁波の種類

　ここまでに説明した通り，地球は太陽放射によってエネルギーを得ていますが，地球も太陽と同じようにエネルギーを電磁波として放出しているんです。これを地球放射といいます。**地球放射により放射されるエネルギーの大半は，赤外線領域の電磁波**です。

(2)　大気の影響

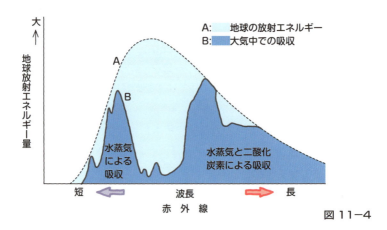

図 11−4

　地球放射である赤外線は，一部の波長域を除くと，多くが**大気の成分である水蒸気（H$_2$O）と二酸化炭素（CO$_2$）によって吸収**されています。

太陽放射と地球放射

太陽放射：おもに可視光線　　地球放射：おもに赤外線

Point!

　太陽放射と地球放射について述べた文として最も適当なものを次の①〜④のうちから一つ選べ。

①　太陽から放射される電磁波は，可視光線のみである。
②　太陽から放射される可視光線の大部分は，大気や雲によって吸収される。
③　地球から放射される電磁波は，おもに紫外線である。
④　地球から放射される電磁波は，二酸化炭素や水蒸気によって吸収される。

解答　④

解説

①　**図11−2** から太陽放射は，可視光線以外に紫外線や赤外線などが含まれる。
②　**図11−2** から可視光線は，大気や雲にほとんど吸収されていない。
③　**図11−4** から地球放射は，おもに赤外線である。

≫ **2. 地球のエネルギー収支**

❶ 地球のエネルギー収支

(1)　地球のエネルギー収支

　太陽は絶えず放射エネルギーを放出していて（太陽放射），地球はつねにこれを受け取っています。また，太陽によって暖められて，一定の温度をもった地球も，宇宙空間に向けてエネルギーを放出しているのでしたね（地球放射）。

　地球が太陽から受け取る放射エネルギー量と，地球が宇宙空間に放出する放射エネルギー量はつり合っています。このような状態を**エネルギー収支が 0 である**というんですよ。

> エネルギー収支が 0 であるって，
> どういう意味があるんですか？

　エネルギー収支とは，**地球全体に入ってくるエネルギーと，出ていくエネルギーの差し引き**のことを表しています。もし入ってくるエネルギーのほうが多ければ，地球の温度はどんどん上がりますね。逆に，出ていくエネルギーのほうが多ければ，地球の温度はどんどん低くなってしまいます。しかし現実には，**地球の温度はほぼ一定に保たれていますよね。これはエネルギーの収入と支出がつり合っているからです。**これをエネルギー収支が 0 であるというんです。

(2)　エネルギーの出入りの種類

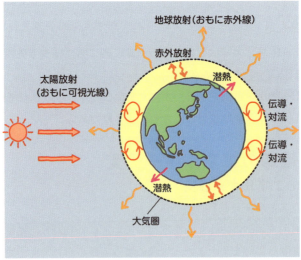

図 11−5

- ・　太陽からは太陽放射として，おもに**可視光線**が地球に入射され，地球を暖めます。
- ・　暖められた地球からは地球放射として，おもに**赤外線**が放射されます（赤外放射）。地球から大気圏外に向かう放射を地球放射といいます。
- ・　ほかのエネルギーの輸送手段としておもに**潜熱**（水の蒸発・凝結など，状態変化による熱）や伝導・対流があります。

可視光線や赤外線などの電磁波によってエネルギーが移動するって，いまいちピンとこないんですけど……。

　電磁波が物体に当たると温度が上がります。これは，電子レンジで食品が温まる原理を考えてみるといいですよ。電子レンジはマイクロ波とよばれる電磁波を発生させ，それが食品に当たると，含まれている水の分子が振動して温度が上がるんです。

潜熱って何ですか？

　潜熱の説明をする前に，水の状態変化についてお話ししておきましょう。
　物質がとる３つの状態である固体・液体・気体のことを物質の三態といいます。水は氷（固体）・水（液体）・水蒸気（気体）の３つの状態をとります。"氷→水"の状態変化を**融解**，"水→水蒸気"の状態変化を**蒸発**，"水蒸気→水"の状態変化を**凝結**，"水→氷"の状態変化を**凝固**といい，"氷→水蒸気"と"水蒸気→氷"の状態変化はどちらも**昇華**といいます。

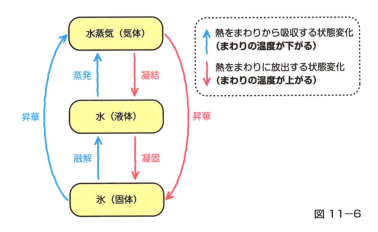

図11−6

　潜熱とは，図11−6のように，状態変化にともなって出入りする熱のことをいいます。たとえば，水が蒸発するときは，周囲から熱を吸収するため，まわりの温度が下がり，水蒸気が凝結するときは，周囲に熱を放出するため，まわりの温度が上がります。

　汗をかいたとき，うちわなどで風を送ると涼しくなりますよね。これは汗が蒸発するとき，体温を奪うからなんですよ。つまり，地球上にある海や湖などの水が蒸発するとき，地表面から熱を奪っていく，すなわち熱の吸収が生じるんですね。

Point!

| 潜熱 |

水が水蒸気になる（蒸発）とき，熱を吸収してまわりの温度を下げる。
水蒸気が水になる（凝結）とき，熱を放出してまわりの温度を上げる。

図11−5にあった，伝導・対流って何ですか？

　伝導は接触することで熱が移っていくこと，対流は上から下へ，下から上へと熱がグルグル回ることです。簡単にいうと，地表に接した空気が暖められて上空へ上がり，上空で冷やされた空気が地表へ下がり……という，くり返しが行われていると思ってください。

⑶　エネルギー収支の量的関係

　今度は地球のさまざまな領域ごとに，エネルギー収支を見てみましょう。実際に見積もってみると，領域ごとのエネルギー収支は，**図11-7**のような数値になります。ここで，エネルギーの出入りをエネルギーの種類ごと，つまり，ヨコに見ていきましょう。**大気圏外・大気・地表のそれぞれの場所で，エネルギーの出入りによる数値を合計すると**(入ってくる熱を＋，出ていく熱を－としています)**0になります。**このように，大気圏外・大気・地表のそれぞれで，**受け取るエネルギー量と放出するエネルギー量がつり合っています。**

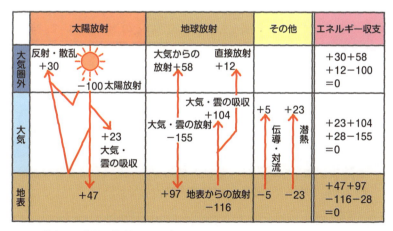

※図の数字は，太陽の放射エネルギーを100としています。＋は各部分に入ってくるエネルギーを，－は出ていくエネルギーを示します。
※太陽の放射エネルギーの100は，p.192の地球が受け取る平均の太陽放射エネルギーの340 W/m² を表しています。

図11-7

次に，**図11－7をタテに見てみましょう**。タテに見ると，**太陽放射・地球放射・その他の各エネルギーがどのような割合で移動していくか**がわかります。具体的に，1つずつ見ていきましょう。

・太陽放射の地球への入射量

図11－7を見ると，太陽放射のエネルギー量100％（大部分が可視光線）のうち，**30％が大気や雲，地表によって反射・散乱**（大気の微粒子に当たって飛び散ること）されています。この分は，地球を暖めることなく，宇宙空間に戻されます。また，**23％が大気や雲によって吸収**され，残りの**47％が地表に吸収**されているのがわかりますね。

大気や雲，地表による反射・散乱の割合がけっこう多いですね。なぜなんですか？

実は，白色の物体は太陽の光を反射しやすいんです。雲の色は白いですよね。だから，太陽放射を多く反射するんですよ。逆に，黒い色は太陽の光をよく吸収しますね。地表は白い雪や氷河などの例外を除いて，黒や茶色をしているので，**大気や雲と違って，地表は光のエネルギーをよく吸収する**んですよ。

Point!

｜太陽放射の地球への入射量｜

太陽放射のうち，反射・散乱が約30％，大気による吸収が約20％，地表による吸収が約50％

・地球放射のエネルギー収支

次は，**図11－7**の地球放射の例について見ていきましょう。太陽放射の多くが可視光線だったのに対し，**地球放射はその多くが赤外線**です。地表から放射された赤外線の大部分は大気や雲に吸収され，大気や雲から放出された赤外線も多くが地表に吸収されます。大気圏外へ放出される地

球放射は，太陽放射のエネルギーを100％とすると，地表からのものが
12％，大気や雲からのものが58％になります。

> 図11-7で，地表が吸収する太陽放射のエネルギーは
> 47なのに，地表と大気の間で100以上の値が
> やり取りされているのが，不思議なんですが……。

　　これは**温室効果**という現象によります。その原理は，次のページで説
明しますね。

・その他のエネルギー

　　その他のエネルギー収支は，おもに**水の蒸発・凝結によるエネルギー
の移動（潜熱）**と，**伝導・対流**からなっています。ここでも太陽放射の
エネルギーを100％とすると，潜熱による運搬が23％，伝導・対流が5％で，
潜熱による運搬が最も大きくなります。

> 図11-7を見ると，潜熱によって地表のエネルギーが，
> 大気へと移ったということですよね。
> なぜ地表→大気へのエネルギーの移動が起こるんですか？

　　これは次の2段階で考えましょう。

① 　太陽放射によって海洋や地表が暖まり水分が蒸発すると，水から水蒸
　　気へエネルギー（熱）が吸収されて，海洋や地表の温度が下がる。

② 　大気に移動した水蒸気は，やがて凝結して雲や雨になるとき，水へと
　　状態変化をする。そのときに，エネルギー（潜熱）が大気へ放出され，
　　大気が暖まる。

　　このように，2段階で地表から大気にエネルギーが移動するんですよ。

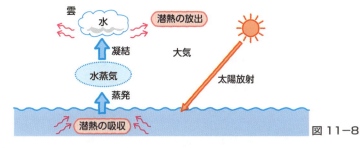

図11-8

② 温室効果

　さて, p.197の**図11-7**において, 地表が太陽放射で受け取るエネルギーは 47 なのに, 地表から放射されるエネルギーは 116 だったり, 大気から地表へ放射されるエネルギーが 97 だったりするのは, ちょっと不思議だと思いませんか?

> たしかに。太陽から受け取るエネルギーよりも,
> 地表と大気がやり取しているエネルギーのほうが
> 大きいのは不思議ですね。

これは温室効果という現象によります。

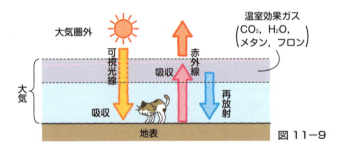

図11-9

　図11-9のように, **大気中の二酸化炭素(CO_2)や水蒸気(H_2O)は, 太陽からの可視光線をほとんど吸収しません。しかし, 地表からの赤外線は吸収する**んです。そして, 暖まった大気から, **地表に向かって赤外線を再放射**します。このため, 地表付近の温度が高温に保たれます。この地表と大気の間で, 赤外線による熱の循環が起こる現象が温室効果です。赤外線を吸収する気体を温室効果ガスといい, 二酸化炭素や水蒸気のほかに, メタンやフロンなどがあります。

練習問題

　地球から大気がなくなったと仮定した場合の地表の温度の変化について述べた文として最も適当なものを, 下の①〜⑤のうちから一つ選べ。

　ただし, 宇宙から地球に入ってくるエネルギーの量は変化しないものとする。

① 　地表が受け取るエネルギー量が小さくなるため, 地表の温度は低下する。

② 　地表が受け取るエネルギー量が小さくなるため, 地表の温度は上昇する。

③ 　地表が受け取るエネルギー量は変化しないため, 地表の温度は変化しない。

④ 　地表が受け取るエネルギー量が大きくなるため, 地表の温度は低下する。

⑤ 　地表が受け取るエネルギー量が大きくなるため, 地表の温度は上昇する。

解答　①

解説

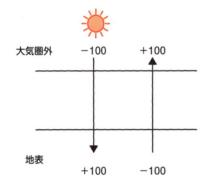

　　地球から大気がなくなったと仮定した場合の左の図から, 地表が受け取るエネルギー量は, 太陽放射の100のみとなり, 大気からの放射がなくなるため小さくなる。これは大気による温室効果がはたらかなくなったことを表し, 地表の温度は低下する。

Theme ⑫ 地球表層の水と雲の形成

>> 1. 大気中の水

❶ 水の状態変化

水は地球表層で，**図 12－1** のように水蒸気（**気体**）・水（**液体**）・氷（**固体**）と状態を変化させます。状態変化にともなって出入りする熱を，**潜熱**というんでしたね（p.196 参照）。

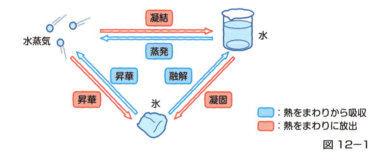

図 12－1

❷ 大気中の水蒸気

(1)　飽和水蒸気量

ある温度で 1 m³ の空気中に含むことができる最大の水蒸気量〔g〕を**飽和水蒸気量**〔g/m³〕といい，そのときの水蒸気の圧力を**飽和水蒸気圧**といいます。

飽和ってどんなイメージですか？

　たとえば，40人定員の教室に38人の学生が入ると，席が2つ余りますね。これが**未飽和**の状態です。40人の学生が入れば，満席になります。これが**飽和**です。43人の学生が入ると，3人は席が足りずに立っていないといけません。これが**過飽和**の状態と考えるとわかりやすいでしょう。

　飽和・過飽和になると，空気中に含まれていた水蒸気は，水滴になります。気体→液体に変化してしまうのです。

(2)　飽和水蒸気量と温度の関係

　飽和水蒸気量は，図12-2のように**温度が高いほど大きくなります。** たとえば，35℃のときの飽和水蒸気量は約40 g/m³ なのに対し，12℃では約10 g/m³ なんですよ。

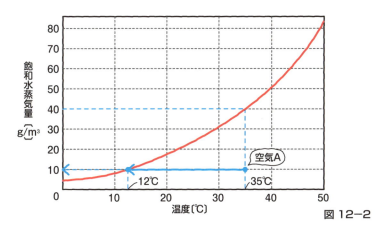

図 12-2

(3)　露点と湿度

　ある温度の空気の飽和水蒸気量に対して，実際に**空気中にある水蒸気の量の割合〔%〕**を**湿度**といい，次の式で求めることができます。

Point!

| 湿度の式 |

$$湿度〔\%〕＝\frac{水蒸気量}{飽和水蒸気量}×100$$

湿度の計算は，どのように数字を代入していくんですか？

　では，**図12-2**を使って説明しましょう。温度35℃，水蒸気量 10 g/m³ の空気 A があるとします。35℃の飽和水蒸気量は 40 g/m³ で，1 m³ に 40 g まで水蒸気を含むことができます。しかし，空気 A には水蒸気が 10 g しか含まれていないので，未飽和の状態ですよね。よって，空気 A の湿度は，湿度の式より，$\dfrac{10}{40} \times 100 = 25$〔％〕 になります。

こうやって使うんですね。わかりました！

　次に，水蒸気が飽和していない空気の温度を下げてみることを考えます。温度が下がると，空気が含むことのできる水蒸気の量が少なくなるので，ある温度まで下がると，水蒸気が飽和した状態になります。このときの温度を露点といいます。**露点では，その空気の湿度は100％になり，水蒸気から水滴が凝結し始めます。**

Point!

| 水蒸気の凝結と露点 |

湿度100％になるとき（水蒸気から水滴が凝結しはじめるとき）の温度が露点である。

　露点の，「露」という漢字は「つゆ」と読めますよね。「点」を「温度」とすると，空気中から「つゆ」，すなわち「水」ができはじめる「温度」と考えることができるんです。

　引き続き**図12-2**の空気Aを使って，露点について考えてみましょう。空気Aの温度を下げると，水蒸気量は10g/m³のまま，温度は**図12-2**の青い線に沿って左に移動していきますね。飽和水蒸気量は温度が下がると減少することから，12℃で飽和水蒸気量の赤い曲線とぶつかります。**交点の12℃が空気Aの露点**になるんです。

　また12℃の飽和水蒸気量は10g/m³で，空気Aの水蒸気量も10g/m³であることから，湿度は，$\dfrac{10}{10} \times 100 = 100$〔%〕　になるんですよ。

　空気Aの温度を12℃からさらに下げていくと，水蒸気が過飽和になります。こうなると水蒸気を含みきれなくなるので，**余分な水蒸気は水として凝結する**んですよ。**図12-3**のようなイメージでとらえるとわかりやすいですね。

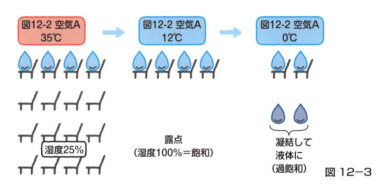

図12-3

日常生活で水蒸気が凝結するような現象って，どういうものがありますか？

　レストランなどの飲食店で，氷の入った水がコップに注がれますよね。しばらくすると，コップの外側に水滴がついているでしょう？　これは，コップが氷水で冷やされているためです。コップ周辺の空気も冷やされて，露点に達し，水蒸気が凝結して水滴になり，コップの外側についたんですよ。

③ 雲のできかた

　さて，大気中の水について長々と説明してきましたが，いよいよ本題です。空に浮かぶ雲について考えてみましょう。そもそも，雲とは何なのかということから説明します。

　直径 0.003 ～ 0.01 mm の水滴や氷の粒を雲粒といい，これを多く含む空気を雲というんです。水蒸気が気体なのに対して，雲粒は液体もしくは固体なんですよ。

　雲は**図 12-4**のような過程で発生します。

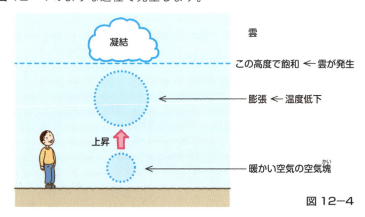

　雲

　この高度で飽和 ⇐ 雲が発生

　膨張 ⇐ 温度低下

　上昇

　暖かい空気の空気塊

図 12-4

❶　暖かい空気の空気塊が上昇する。

　目には見えませんが，大気中には大小いくつもの空気の塊が浮いていて，これを空気塊といいます。

どういうときに，空気は上昇するんですか？

　へこんだピンポン玉をお湯につけると元に戻ります。これはピンポン玉の中の空気が暖まることによって，膨張するからなんですよ。**暖かい空気は膨張するため，同じ質量の冷たい空気より体積が大きくなり，密度が小さくなります。**暖かい空気はスカスカで軽くなるんですね。だから周囲の大気より暖かい空気塊は上昇します。ほかにも風が山に当たって，空気が斜面をはい上がることもありますよ。

> **Point!**
>
> │ 空気の密度と温度 │
>
> 温度の高い空気は密度が小さく，
> 温度の低い空気は密度が大きい。

❷　周囲と熱のやりとりをせずに，空気が膨張することによって，**温度が下がる**(断熱膨張といいます)。

❸　露点まで温度が下がると水蒸気が凝結し，雲粒ができる。

> なるほど！　空気の塊が持ち上がって，
> 温度が露点まで下がると，雲が発生するんですね。

❹ 雲の種類

　雲には層状に水平方向に広がるもの，積み重なるように上方に伸びるものなどがあり，高度や形状によって 10 種類に分類されます。この分類を**十種雲形**(図 12−5)というんですよ。このうち，雨を降らせる雲として重要なのは，乱層雲と積乱雲です。

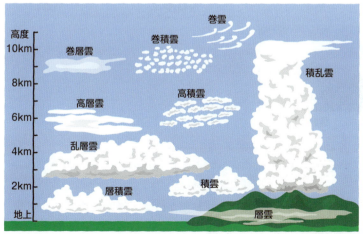

図 12−5

・乱層雲

　対流圏の下層から中層に層状に広がる雲で, 広い範囲に弱い雨が降ります。

・積乱雲

　対流圏の下層から上層に垂直方向に広がる雲で, 狭い範囲に強い雨が降ります。雷や突風を伴うこともあります。

巻雲　　　　　　　巻積雲　　　　　　　巻層雲

積乱雲　　　　　　高層雲　　　　　　　高積雲

乱層雲　　　　　　層積雲　　　　　　　積雲

株式会社データクラフト

層雲

ココに注目！

| 重要な雲形 |

　十種雲形のうち雨雲として重要なのは, 層状に広がる**乱層雲**, 上方に伸びる**積乱雲**である。

雨のできかた

　雲について知ったら，次は雨について知りたくなりますよね。雲粒が，100 倍ほどの 1mm 前後まで成長すると，落下して雨となります。

　雲粒が雨になる過程には 2 種類あります。まず，上昇した雲粒が凍って氷の結晶となり，それが成長して重くなり，落下するタイプ。これを冷たい雨といい，みぞれやひょうになることもあります。日本で降る雨の大半は，この冷たい雨です。一方，熱帯地方などでは，海の塩類を風が巻き上げ，それを核とした雲粒が，激しい上昇気流によって衝突をくり返し，大きく成長して雨が降ることがあります。これを暖かい雨といいます。

練習問題

　私たちの身の回りで起こる現象のうち，雲の発生の原理とは**異なるもの**を，次の①～④のうちから一つ選べ。

① 冬の寒い日に暖かい部屋の窓ガラスに水滴が着く。
② やかんの水を沸騰させるとき，やかんの口から湯気が出る。
③ 夏，気温が高い日に，地面に水をまくと温度が低下する。
④ ドライアイスを机の上などに置くと白い煙が出る。

解答　③

解説

　空気が冷却されて露点（湿度 100％）になると，空気中の水蒸気が凝結して水ができることによって雲が発生する。
① 冷たい窓ガラスに触れた部屋の暖かい空気の温度が下がることによって，水蒸気が凝結して水滴になった。
② 水蒸気を多量に含んだ高温の空気が，やかんの口から吹き出すとき，まわりの空気に冷やされて，水蒸気が凝結して水滴になった。
③ 水が蒸発して水蒸気になるときに潜熱が吸収される現象で，雲の発生とは関係がない。

④　ドライアイスがまわりの空気を冷却することによって，空気中の水蒸気が凝結して水滴になった。

≫ 2. 低気圧と高気圧

低気圧とか**高気圧**って，何ですか？
何 hPa 以下が低気圧で，何 hPa 以上が高気圧なんですか？

　海水面の高さにおける平均大気圧は 1013 hPa であるということを，p.179 で説明しましたね。低気圧や高気圧というと，この 1013 hPa より低いか高いかで決まりそうな気がします。でもそうではありません！　**低気圧は周囲よりも気圧が低いところ，高気圧は周囲よりも気圧が高いところで，「何 hPa だと高気圧・低気圧」という決まりはないんですよ。**

　低気圧は「気圧がまわりより低いところ」→「空気の重さが軽いところ」→「**空気が上昇するところ**」，**高気圧は**「気圧がまわりより高いところ」→「空気の重さが重いところ」→「**空気が下降するところ**」という認識をしておきましょう。

高気圧・低気圧って，どんな理由で発生するんですか？

　いちばんの理由は空気の温度の差ができることです。暖かい空気は軽くなり上昇するので低気圧，冷たい空気は重たくて下降するので，高気圧となります。空気が上昇すると，地表付近の空気が少なくなって空気の圧力が下がる，すなわち，気圧が低くなると考えるとわかりやすいですね。高気圧はその逆です。

　たとえば，海沿いの地域を想像してください。海と陸では，**海のほうが暖まりにくく冷めにくく，陸のほうが暖まりやすく冷めやすい**んです。太陽がさす日中は，陸のほうが海と比べて暖かくなります。そうすると，陸は上昇気流が生じて低気圧，海は下降気流が生じて高気圧になるのです。逆に夜間は，冷めにくい海のほうが低気圧になり，陸が高気圧になります。

　地球規模での高気圧・低気圧については Theme 13 で説明しますよ。

| 低気圧と高気圧 |

周囲より気圧が低いと低気圧，高いと高気圧とよぶ。平均大気圧 1013 hPa を基準に，低いか高いかで決めているわけではない。

　さまざまな地点で，海水面の高さでの大気圧を測り，その値が同じ地点を結んだ線を**等圧線**といいます。低気圧・高気圧とその風の吹きかたを，等圧線とともに示したのが，**図 12−6** です。

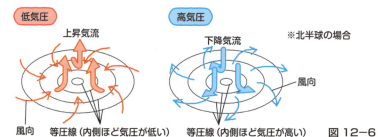

図 12−6

　以下の**表 12−1** に，低気圧と高気圧の特徴をまとめておきました（**図 12−6** も参照）。

表 12−1　低気圧と高気圧の特徴

	低気圧	高気圧
風の吹きかた	北半球は反時計回りに吹き込む（南半球は逆）	北半球は時計回りに吹き出す（南半球は逆）
鉛直方向の空気の動き	上昇気流が生じる	下降気流が生じる
天気の特徴	雲が発生しやすく，天気が悪くなりやすい	雲が発生しにくく，晴天になりやすい

なんで低気圧ができると天気が悪くなるんですか？

　低気圧は周囲より気圧が低い，すなわち空気が薄い場所と考えることができます。だから，まわりの気圧の高い場所（空気の濃い場所）から**低気圧の中心に向かって，風が吹き込んでくる**んです。**中心に集まった空気は行き場所を失って，上に向かって上昇**します。これが上昇気流になるんです。ここで，p.206 〜 207で勉強した，雲のできかたについて思い出してください。空気が上昇することによって，雲ができるんでしたね。つまり，**低気圧の中心に上昇気流ができると，雲が発生しやすくなって天気が悪くなる**んですよ。

練習問題

　日本付近で発生した低気圧についてのボルカさんと先生の会話文を読み，空欄　ア　〜　ウ　に入る語として最も適当なものを，下の①〜⑧のうちから一つ選べ。

ボルカさん：明日，地学のフィールド調査に行きますが，低気圧が近づく
　　　　　　予報が出ていたので，天気が心配です。低気圧が近づいてくると何
　　　　　　で天気が悪くなるのですか。

先生：低気圧の中心では　ア　気流が発生して，雲ができます。

ボルカさん：　ア　気流ができると，どうして雲が発生するのですか。

先生：空気が　ア　すると　イ　して温度が下がります。空気の温度が低
　　　下すると飽和水蒸気量が　ウ　なるため湿度が徐々に高くなり，露
　　　点に達すると水蒸気から水滴が発生するからですよ。

	ア	イ	ウ
①	下降	収縮	大きく
②	下降	収縮	小さく
③	下降	膨張	大きく
④	下降	膨張	小さく
⑤	上昇	収縮	大きく
⑥	上昇	収縮	小さく
⑦	上昇	膨張	大きく
⑧	上昇	膨張	小さく

解答　⑧

解説

ア　低気圧の中心に集まった空気は，上昇気流を形成する。

イ　空気は上昇するとまわりの気圧が低下するため，膨張して温度が低下する。

ウ　温度が低下すると，飽和水蒸気量が小さくなって湿度が徐々に高くなり，露点になると水蒸気から水滴が生じ，雲が発生する。

Theme 13 大気の循環

>> 1. 大気の循環

❶ 緯度によるエネルギー収支

　p.194 で説明したとおり，地球が太陽から受け取るエネルギー量と地球が宇宙空間に放出するエネルギー量はつり合っています。しかし，地球は球体であるため，**図 13−1** のように低緯度地方では，太陽光線が垂直に入射し高緯度地方では，太陽光線が斜めに入射します。高緯度になるほど同じ太陽放射エネルギー量を受け取る面積が大きくなるため，同じ面積に入射する太陽放射が小さくなります。

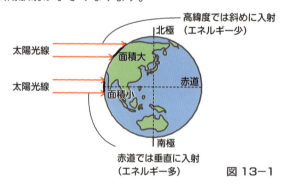

図 13−1

　地球が吸収する太陽放射と，放出する地球放射を緯度別に示したのが**図 13−2** です。低緯度地方では太陽から受け取るエネルギーが多いのでエネルギーが余り，高緯度地方では，放出するエネルギーのほうが多くてエネルギーが不足しているのがわかりますね。これでは，低緯度では温度が上がり，高緯度では温度が下がって，温度の差がどんどん大きくなっていってしまいませんか？

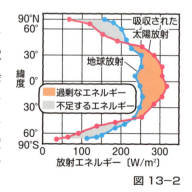

図 13−2

　そうならない理由は，**地球の大気や海洋に大きな循環が発生している**
るからです。つまり，低緯度地方に集まった過剰なエネルギーを，大気や
海水の流れで，中・高緯度地方へ移動させていくのです。このため，どの
地域でも気温はある一定の範囲に保たれます。

　Theme 13 では，大気についての大きな循環（大気の大循環）についてく
わしく見ていきましょう。

　大気の循環は，緯度によって大きく 3 つに分けられます。それでは，
1 つひとつ見ていきましょう。

❷ 低緯度地域の大気循環

　低緯度地域（緯度 0°〜30°くらいまでの地域）では，次の(1)〜(4)の流れで，
大気の循環が起こっています。**図 13−3** とあわせて読んでくださいね。

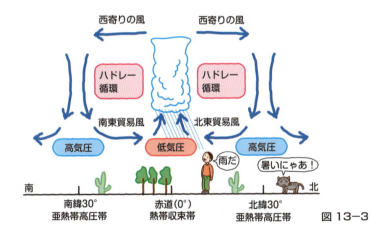

図 13−3

(1)　赤道付近は気温が高いので，暖められた空気は密度が小さくなって上
　　昇気流が発生します。このため，赤道付近は 1 年を通して低気圧が発生
　　しやすいんです。この領域を**熱帯収束帯**（赤道低圧帯）といいます。

　　低気圧ということは，赤道付近は天気が悪いんですか？

　「熱帯雨林」という言葉を知っていますか？「雨林」という言葉が示すように，**赤道付近は降水量が多いんです。**とくに，午後になると気温が上がり，積乱雲が発達して大雨（スコール）が降りやすくなるんですよ。

⑵　圏界面（p.183　**図10−5**参照）まで上昇した空気は，上空を南北方向に移動します。この風は**地球の自転の効果によって，北半球ではやや右に，南半球ではやや左にずれて，西寄りの風（西から東に向かって吹く風）**になるんですよ。

> **Point!**
>
> │ **風向** │
>
> ・風が吹いてくる方位を表わす。
> **例** 北風，北寄りの風
> 　　→北から南へ向かって吹く風のこと

⑶　緯度30°付近まで上空を移動した空気は，冷えて重くなるため，下降気流となって高気圧を形成します。これを，<u>亜熱帯高圧帯</u>といいます。

> 赤道とは逆に，緯度30°付近は高気圧になるんですか。
> じゃあ，天気がいいんですか？

　そうです。緯度30°付近では天気がよくて降水量が少ないため，大陸では砂漠や，サバンナとよばれる草原地帯が広がっているんですよ。アフリカにあるサハラ砂漠もそれに当てはまるんです。

⑷　下降した空気の一部は，地表付近を亜熱帯高圧帯から熱帯収束帯に向かいます。この流れは**地球の自転の効果によって，北半球ではやや右に，南半球ではやや左にずれて，東寄りの風（東から西に向かって吹く風）**になります。この風を<u>貿易風</u>といいますよ。

> なんで貿易風という名称になったんですか？

18世紀のころ，この風を利用して，多くのヨーロッパの帆船が貿易のために大西洋を横断していました。そのため，当時「決まった経路を吹く風」という意味で使われていた「trade wind」という英語の trade が，貿易という意味をもつようになり，浸透していった用語なんですよ。

(1)～(4)の一連の空気の動きを**ハドレー循環**といい，低緯度地域（赤道付近～緯度30°付近）で**熱を南北方向に輸送**するはたらきをしています。

> **Point!**
>
> | ハドレー循環 |
>
> ・赤道付近で暖められた空気によって上昇気流が発生（低気圧）。
> ・上空で南北方向に移動。西寄りの風（西から東へ吹く風）になる。
> ・緯度30°付近で空気が冷えて下降気流が発生（高気圧）。
> ・下降した空気の一部が，赤道付近へ戻る東寄りの風（東から西へ吹く風＝貿易風）になる。

❸ 中緯度地域（日本付近）の大気循環

日本を含む中緯度地域（緯度30°～60°くらいまでの地域）では，❷で勉強したハドレー循環のような，大規模な上下の大気の循環は発生していません。しかし，**地球の自転の影響で，つねに西寄りの風が吹いています**。この西寄りの風には，以下の(1)～(4)のような特徴があります。

(1) 亜熱帯高圧帯で下降した大気の一部が高緯度に向かって流れ，西寄りの風が吹く。これを**偏西風**という。

(2) 偏西風は地表付近から上空まで吹いており，上空にいくほど強くなる。高度10～12 km の圏界面付近で，とくに強く吹いている偏西風のことを**ジェット気流**という。

(3) 偏西風は**図13-4**のように**蛇行しており，熱を南北方向に輸送**している。

(4) 中緯度では，**偏西風に乗って高気圧や低気圧が西から東に移動**する。中緯度では，**その通過にともなって天気や気温が変化**する。

天気予報で，関西が雨だとその翌日ごろに
関東が雨になるのは偏西風によるものなんですね。

　そういうことですね。北半球の大気の大循環は，**図13−4**のように
なります。理解しておきましょう。

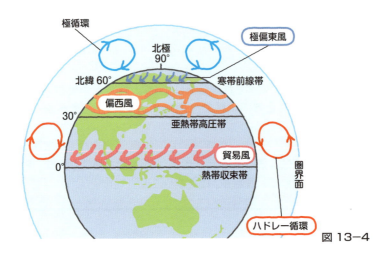

図13−4

❹ 高緯度地域の大気循環

　極付近では空気が冷却されることによって，高気圧が形成されます。そ
のため，地表付近において，**中緯度に向かって東寄りの風が吹き出して
います。**この風を<ruby>極偏東風<rt>きょくへんとうふう</rt></ruby>とよぶんですよ（**図13−4**の高緯度地域）。
極偏東風と偏西風がぶつかる領域では，暖かい偏西風が冷たい極偏東風の
上にのし上がることから**前線**ができやすいんです。この領域を**寒帯前線
帯**といいますよ。

前線って何ですか？

　前線の説明はまだしていませんでしたか。次のページから，低気圧と前
線について説明していきますので，少し待ってくださいね。

Point!

| 各緯度に吹く風 |

低緯度：貿易風　　　中緯度：偏西風　　　高緯度：極偏東風

練習問題

　大気の大循環について述べた文として最も適当なものを，次の①〜④のうちから1つ選べ。

① 　北半球の貿易風は南西の風である。

② 　亜熱帯高圧帯から吹き出した風は貿易風と偏西風になる。

③ 　偏西風が吹く領域では，地上では西風，上空では東風が吹く。

④ 　偏西風と極偏東風がぶつかる領域では，晴天率が高い。

解答　②

解説

① 　北半球の貿易風は北東から南西に向かって吹いているので，北東の風である。よって，誤り。

② 　亜熱帯高圧帯から高緯度側に吹き出す風が偏西風，低緯度側に吹き出す風が貿易風になる。よって，正しい。

③ 　偏西風は地上付近から上空まで西風である。よって，誤り。

④ 　暖かい偏西風と冷たい極偏東風がぶつかるので，上昇気流が発達し，雲が発生しやすくなる。よって，誤り。

≫ 2. 低気圧と前線

❶ 温帯低気圧

　暖かい空気と冷たい空気が接すると，温度を均一にしようとして混じり合います。**日本のような中緯度では，南側に暖かい空気，北側に冷たい空気がある**ため，これらがぶつかって前線をつくり，それが折れ曲がって渦を巻くと，**図13−5**のような**温帯低気圧**が発生します。

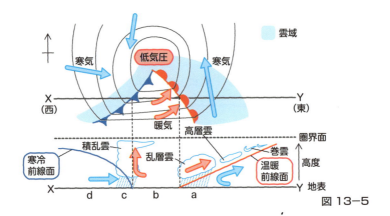

図13−5

(1) 前線

　暖かい空気と冷たい空気が接しても，すぐには混じり合わず，境界線ができます。これを<ruby>前線<rt>ぜんせん</rt></ruby>といい，前線には，<ruby>温暖前線<rt>おんだん</rt></ruby>（●●●）や<ruby>寒冷前線<rt>かんれい</rt></ruby>（▼▼▼）などがありますよ。**前線付近では暖かい空気が冷たい空気の上に昇るので，上昇気流が発生**します。そのため，雲が発生し，**雨が降りやすくなります。**

・温暖前線：温帯低気圧の南東側（**図13−5右下**）では，南からの暖かい空気のほうが冷たい空気より強いため，暖かい空気が上にはい上がって，温暖前線が形成されます。雨雲としては**乱層雲**が発達しやすくなっています。

・寒冷前線：温帯低気圧の南西側（**図13−5左下**）では，北からの冷たい空気のほうが暖かい空気より強いため，冷たい空気が下にもぐり込んで，寒冷前線が形成されます。雨雲としては**積乱雲**が発達しやすくなっています。

　　　なんで空気がはい上がったり，
　　　もぐり込んだりするんですか？

　暖かい空気は密度が小さく，冷たい空気は密度が大きいのでしたね（p.207）。だから暖かい空気が冷たい空気とぶつかると，暖かい空気は上に昇り，冷たい空気は下にもぐり込むんですよ。

> **Point!**
>
> | 温暖前線と寒冷前線 |
>
> 暖かい空気と冷たい空気の境界で，暖かい空気が冷たい空気より強い場合は温暖前線，冷たい空気が暖かい空気より強い場合は寒冷前線が形成される。

⑵　温帯低気圧の天気

　図13-5の断面図 X-Y で，a〜d の各地点では天気が異なります。1つひとつ説明していきましょう。

a　乱層雲から，広範囲に長い時間，しとしとと弱い雨が降り続く。
b　雨はやんでおり，南から暖かい風が吹いて気温が上がる。
c　積乱雲から，狭い範囲に短い時間，強い雨が降る。
d　雨はやんで北からの冷たい風が吹き，気温が下がる。

　一般に，日本付近では温帯低気圧は西から東に移動します。したがって，天気は a → b → c → d の順に変化していきますよ。

❷ 熱帯低気圧

⑴　熱帯低気圧と台風

　熱帯や亜熱帯の海上では，水温が高いために空気が暖められ，上昇気流が発生します。この上昇気流が発達してできた低気圧を**熱帯低気圧**といいます。北太平洋の西部で発生する熱帯低気圧のうち，中心付近の最大風速が約 17 m/s 以上になったものを**台風**とよびますよ。台風や熱帯低気圧にできる雨雲は，積乱雲に分類されます。

⑵　台風のエネルギー源

　暖かい海面から供給された**水蒸気が凝結して水（雲粒）になるとき，潜熱が放出されます。これが台風のエネルギー源**です。

⑶　台風の構造

　地表付近の風は，温帯低気圧と同じ反時計回りに渦を巻いて中心に向かって吹き込みます。**図13−6**より，巨大な積乱雲が発達し，強い台風では中心に下降気流が生じて目ができることがあります。また，等圧線が同心円状になり，前線を伴わないことも特徴です。

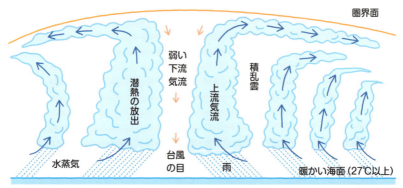

図13−6

台風は上陸すると弱くなりますよね。何でですか？

　台風の発達に必要なものは水蒸気です。陸上では水蒸気を供給する水がないため，弱まるんですよ。また，台風は上陸しなくても，高緯度側に進むほど弱まっていきます。これは海面の温度が低くなって，供給される水蒸気が少なくなるからなんです。

Point!

台風の特徴
・高温の海水から供給される水蒸気の凝結がエネルギー源
・前線を伴わない
・雨雲は積乱雲

ジオ君は，温帯低気圧と熱帯低気圧の比較の表を作成した。この表中のア〜オについて，誤りを含む項目がある。**誤りを含む項目**の組合せとして適当なものを，次の①〜⑧のうちから一つ選べ。

	項目	熱帯低気圧	温帯低気圧
ア	発生地	気温が 27℃以上の陸域	中緯度の陸域や海域
イ	前線	伴わない	温暖前線と寒冷前線
ウ	目	発達すると伴う	伴わない
エ	発生時期	夏から秋に多い	1年中発生する
オ	雨域	中心のまわりに渦巻状に分布する	温暖前線周辺が狭く，寒冷前線周辺が広い

① ア　② イ　③ ウ　④ エ　⑤ オ
⑥ ア・オ　⑦ イ・ウ　⑧ エ・オ

解答 ⑥

解説

ア　熱帯低気圧のエネルギー源は，暖かい海面から供給される水蒸気の潜熱であることから，**水温**が 27℃以上の**海域**である。

オ　温暖前線周辺は乱層雲が形成されるため，雨域は**広く**，寒冷前線周辺は積乱雲が形成されるため，雨域は**狭い**。

Theme  14
海水の運動と大気と海洋の相互作用

>> 1. 海水の性質

❶ 海水

(1) 海水中の塩類の組成

表14−1を見てください。これは，海水中に含まれる塩類を，多いほうから順に並べたものです。最も多い塩類は塩化ナトリウム(NaCl)，次に多いのが塩化マグネシウム($MgCl_2$)ですね。

表14−1　海水中の塩類組成

塩類	化学式	質量%
塩化ナトリウム	NaCl	77.9
塩化マグネシウム	$MgCl_2$	9.6
硫酸マグネシウム	$MgSO_4$	6.1
その他	—	6.4

塩類の濃度は海域によって異なりますが，塩類組成の割合(質量%)は，**海域による変化はほとんどない**んですよ。

> 塩化ナトリウムとか塩化マグネシウムとかは，
> 実際にはどういうものなんですか？

これらの成分は酸とアルカリが反応してできたもので，一般に塩とよばれています。そのうち塩化ナトリウムは，食塩の主成分です。塩化マグネシウムは「にがり」として販売されており，豆腐をつくるときに，豆乳に加えて凝固させる物質なんですよ。

⑵　塩分

　海水中の塩類の濃度を**塩分**といいます。ふつう塩分の値は，海水
1 kg 中の塩類の質量〔g〕で示します。1 kg は 1000 g なので，全体を 1000
としたときどれだけの量を占めるか，という意味の，**千分率〔‰〕**とい
う単位で表す場合もありますよ。

　海水 1 kg 中に含まれる塩類は，平均すると **35 g〔35‰〕**です。海
水全体の塩分は 33 〜 38‰の範囲にあり，**海域によって異なります。**

　　　　塩類組成の割合が一定で，塩分は異なるって，
　　　　　　理解しにくいのですが…。

　たとえば，大きな川が流れ込む海域では，川の淡水(真水)が海水に混じ
るので，塩分は 35‰より低くなります。しかし，この淡水と混じり合っ
た海水でも，塩類全体の量に占める塩化ナトリウムの割合は約 78 %，塩
化マグネシウムの割合は約 9.6 %とほぼ一定なんですよ。淡水の中にはほ
とんど塩類が含まれていないので，**海水が薄まることで塩分が低下して
も，塩類組成の割合は変化しないんです。**

　視点を変えて考えてみると，塩類組成が海域によってほとんど変化しな
いということは，**世界中の海水がくまなく混じり合っている状態**ともい
えます。そうでなければ，海域によって塩類組成は異なるはずです。

　実は，このことは地球の大気にもあてはまります。大気の成分は N_2：
$O_2 = 4:1$ で，世界中でその割合は同じです。また，大気は上空にいくほど，
どんどん薄くなっていきますが，上空約 80 km までは，$N_2：O_2 = 4：1$ と
いう大気の組成には変化がありません(p.178 参照)。この薄まっても成分
の割合に変化がない点が，海洋の塩類組成と似ているのです。

発展　気候による塩分の変化

> 海水の塩分が低くなるって，川の流れ込み以外には，
> どんな場合があるんですか？

　海に雨が降ると，真水が海水に入り込んで塩分が低くなります。雨にはほとんど塩類が含まれませんからね。また，海水から蒸発が起こるとき，蒸発するのは水だけなので，塩分が高くなります。この降水量と蒸発量のバランスによって，海水の塩分が変化するんですよ。雨が多い熱帯収束帯では，海への降水量＞蒸発量となるので，海水の塩分が低くなり，雨が少ない亜熱帯高圧帯では，海への降水量＜蒸発量となるので，海水の塩分が高くなるんですよ(p.215 〜 216 参照)。

② 海洋の層構造

　海洋は，水温の違いによって，図14−1のように，鉛直方向に層構造をしています。

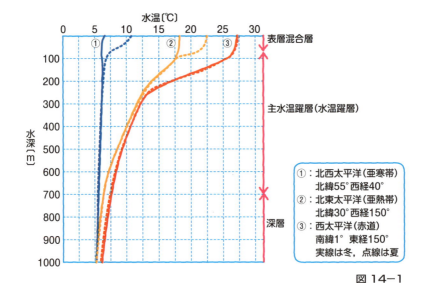

図 14−1

(1)　表層混合層

　表層の海水は波や風，また対流などによって海水がかき混ぜられます。このため，**海洋の浅い部分では温度がほぼ一様になる**んですね。この層を<ruby>表層混合層<rt>ひょうそうこんごうそう</rt></ruby>といいます。表層混合層は太陽エネルギーや風の影響を受けやすいので，**緯度や季節によって温度が変化**します。一般に，高緯度になるほど水温は低くなりますよ。

　図14－1の水深と水温の関係を見ると，冬に比べて夏のほうが浅いところから温度が変化していますね。これはなぜですか？

　いいところに気が付きましたね！　水深に対して温度があまり変化しない層が表層混合層ですが，この層は<u>夏は薄く，冬は厚くなる</u>んです。**図14－1の②のグラフ**では，夏（点線）は，すぐに水温が変化して，冬（実線）は水深100 m以深のところから，水温が変化しているのが読み取れますね。表層混合層の厚さは，日本近海の場合，夏は10〜20 mであるのに対し，冬は100 m以上の厚さになることもあります。

　なぜ季節によってこれだけの差が出るか，説明しましょう。夏は海面付近の海水だけが太陽エネルギーで強く暖められます。**暖まった海水は密度が低くなるため，海面近くにとどまって薄い表層混合層を形成**します。これに対して冬は，海面付近の海水が冷やされて密度が高くなり，深いところへ沈んでいきます。つまり，**冬には対流が起こりやすくなるので，表面の海水とより深いところの海水が混じり合い，表層混合層が厚くなる**というわけです。ちょっと難しい理屈ですが，わかりましたね。

(2)　主水温躍層

　表層混合層の下にあり，水深が深くなるにつれて水温が低下する層を<ruby>主水温躍層<rt>しゅすいおんやくそう</rt></ruby>（**水温躍層**）といいます。低緯度の地域では，表層混合層の温度が高いので，水温が急激に低下します。しかし，高緯度の地域，とくに北極海や南極付近の海域では，表層混合層と深い部分の水温がほとんど変わらないため，主水温躍層は見られません。

⑶　深層

　主水温躍層の下は，水深にともなう温度の低下が緩やかな**深層**となっています。とくに，**水深 2000 m** より深いところでは，緯度や季節による水温の変化はなく，**水温は約 0 ～ 4℃で一定**です。

なぜ，海水に主水温躍層や深層ができるんですか？

　このことについては，p.232 ～ 233 でくわしく学習するので，もう少し待っていてくださいね。

練習問題

　海水中の塩分は 35‰ で，そのうち最も多く含まれる塩類 A は約 78 質量 % である。塩類 A の化学式と，海水 1 kg 中に含まれる塩類 A の質量の組合せとして最も適当なものを，次の①～④のうちから 1 つ選べ。

	化学式	質量
①	NaCl	27 g
②	NaCl	36 g
③	$MgCl_2$	27 g
④	$MgCl_2$	36 g

解答　①

解説

　塩類のうち，最も多いものが塩化ナトリウム（NaCl），2 位が塩化マグネシウム（$MgCl_2$）である。

　35‰ということは，海水 1 kg 中に塩類は 35 g 含まれ，35 g 中の 78 % が塩化ナトリウムなので，35×0.78＝27.3　よって，27 g が最も近い数値となる。

>> 2. 海水の運動

❶ 海流

　表層の海水は，各海域においてほぼ一定の方向に流れています。この水平方向の流れを海流といいます。p.215 で，地球の低緯度と高緯度のエネルギーの過不足によって，大気や海水に大きな循環が生じていると話しましたね。図 14-2 のように，大気と海洋は熱を低緯度から高緯度に運搬し，地球の温度差を小さく保っています。また，エネルギーの輸送量をみると北半球・南半球ともに緯度 40° 付近が最大になっています。海流によるエネルギーの移動についてもくわしく見ていきましょう。

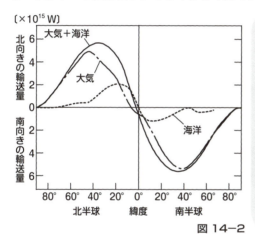

図 14-2

 緯度 40° 付近でエネルギー輸送量が最大になる理由

　p.214 図13-2のエネルギーの過不足のなくなる緯度と一致します。エネルギーが過剰な低緯度では，どんどんエネルギーが蓄積されていき，エネルギーが不足する高緯度では，どんどんエネルギーが出ていきます。よって 40° 付近でエネルギーが最もたまった状態になって運ばれる量が最大になります。

⑴　風成海流

　海流は，おもに海洋上に吹いている風に引きずられることが原因となって生まれます。緯度によって吹いている風の方向が一定であることは，Theme 13 で勉強しましたね？　したがって，海流も，緯度によって大まかに方向が決まっています。これを風成海流といいます。

　海流には地球の自転の影響がはたらくので，北半球では風に対してやや右に，南半球ではやや左にずれて流れます。その結果，図 14-3 のように，**貿易風の吹く領域（貿易風帯）では東から西，偏西風の吹く領域（偏西風帯）では西から東に海流が生じます。**

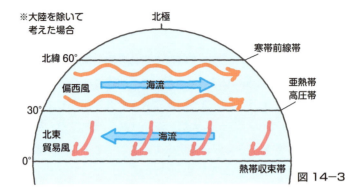

図 14-3

(2)　亜熱帯環流（環流）

　図14-3を見ると，緯度によって海流の向きが大まかに決まっていることがわかりましたね。しかし，地球は海だけで覆われているわけではなく，大陸があります。海流の流れを大陸がさえぎる効果と，地球の自転によって海流が曲がる効果のため，**太平洋などの大海原では，海流がぐるぐると循環しています**。これを環流といいます。

　図14-4の北太平洋を見ると，低緯度を東から西に流れる北赤道海流がユーラシア大陸にぶつかって北上し黒潮となり，日本付近まで北上していますね。そして日本列島から離れるように中緯度を西から東に流れる北太平洋海流が，北アメリカ大陸にぶつかって南下し，カリフォルニア海流になっています。**この4つの海流をまとめてみると，海水が時計回りに循環している**ことになります。このような大規模な循環は，太平洋や大西洋，インド洋にも見られるんですよ。これらの大規模な海流の循環を**亜熱帯環流**（環流）といいます。

　亜熱帯環流は，低緯度の暖かい海水を中緯度へと運び，また，冷たい海水を低緯度へと戻しています。このようにして，海流はエネルギーを低緯度から中緯度へと運んでいるのです。

　亜熱帯環流は，**北半球では時計回り，南半球では反時計回り**の流れになります。

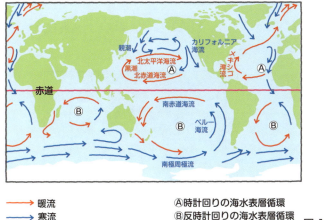

図 14−4

- 暖流（赤）
- 寒流（青）

Ⓐ時計回りの海水表層循環
Ⓑ反時計回りの海水表層循環

> 亜熱帯環流は，北半球と南半球で，
> なんで逆向きに流れるんですか？

　図 14−5 の，地球を吹く風を見てください。これは図 14−3 を南半球を含めて見たものですよ。南半球では，海流は，地球の自転の影響で風に対して少し左にずれて流れるので，南東貿易風帯では西向きに，偏西風帯では東向きに流れます。

　つまり南半球では，低緯度側では西向きに，中緯度側では東向きに海流が流れることになりますから，北半球とは逆に，亜熱帯環流が反時計回りになるんですよ。図 14−4 とも見比べてみてください。

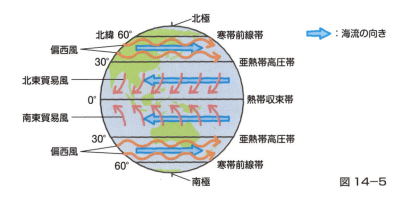

図 14−5

(3) 日本付近の海流

図14-6のように，暖流としては黒潮と対馬海流，寒流としては親潮とリマン海流がある。

図14-6

> **Point!**
>
> | 亜熱帯循環（環流）の向き |
>
> 北半球では時計回り，南半球では反時計回り。

❷ 深層の流れ

❶では，風によって流れる表層の海水の動きを見てきました。これに対して，**表層から深層に達する大規模な鉛直方向の海水の流れ**もあります。これを**深層循環**というんですよ。この流れはおもに，**海水の密度差が原因**で生じます。

(1) 深層の海水の起源

深層循環は，低温で塩分が高い高密度の海水が，海洋の深部に沈み込むことで起こります。深層水のほとんどは，海水が凍る**北大西洋のグリーンランド付近**と，**南極大陸付近**で生成したものなんですよ。

なぜグリーンランド付近や南極大陸付近で，高密度の海水ができるんですか？

　グリーンランド付近や南極大陸付近は，極域で気温が低いため，海水が冷却されて凍ります。氷ができるとき，塩類は氷の中に取り込まれにくく，水だけが凍ります。すると，**凍らなかった海水に塩類が集まる**ことになりますよね。そのため，この海域の海水は**低温で塩分が高くなり，高密度の海水になる**んですよ。

| 海水の密度 |　　　　　　　　　　　　　　　**Point!**

水温が低く，塩分が高いほど，海水の密度は大きくなる。

⑵　深層の海水の大循環

　グリーンランド付近から沈み込んだ海水は，**図14－7**のように大西洋を南下し，南極付近まで達します。南極付近でも高密度の海水が沈み込んでおり，高密度の海水どうしが合流し，世界中の深海に広がっていきます。**この深層の海水は，海底を巡る間にゆっくりと上昇していき，北太平洋中部で表層に戻ります。**この世界規模の循環が，深層循環です。海水が沈み込んでから表層に戻るまでの時間は，**1000〜2000年**かかると考えられています。これは表層を流れる海流の速度と比べると，非常に遅いですね。

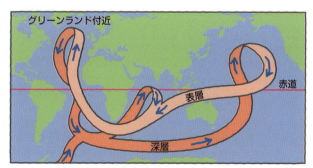

図14－7

表層の海水と深層の海水は，違うものなんですね。

　その通りです！　**表層の海水と深層の海水は混じり合いにくい**んですね。だから水温が高い表層の海水(表層混合層)と水温の低い深層の海水の間に，水温が急変する主水温躍層が形成されているんですよ。

練習問題

　次の図は北太平洋の亜熱帯環流(環流)を模式的に表したものである。この図について述べた文として最も適当なものを，下の①〜④のうちから一つ選べ。

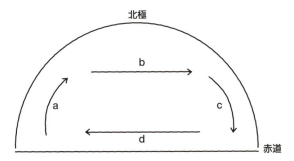

①　aは黒潮，cは親潮を表している。

②　bの流れる海域では偏西風，dの流れる海域では貿易風が吹いている。

③　bの北側の海域では，海水の結氷によって深層の海水が形成されている。

④　南太平洋の亜熱帯環流の流れは，北太平洋と同じ時計回りである。

解答　②

解説

①　cはカリフォルニア海流である。親潮は亜熱帯環流ではない。

③　海水の結氷によってできる深層の海水の起源は，北大西洋の極域と南極海に限定される。

④　南太平洋の亜熱帯環流の流れは，北太平洋と反対の反時計回りである。

>> 3. 大気と海洋の相互作用

① 水循環

⑴　地表の水

　表14－2のように，地球上の水のうち約97％が海水です。残りのほとんどは，淡水として陸上に存在します。**淡水のうち最も多いのは，実は氷河なんですよ**。氷河とは，極域などの寒いところや，高い山にできる，巨大な氷の塊（かたまり）で，自分の重さによって少しずつ動いているものをいいます。その次が地下水です。**湖や河川の水，大気中の水は非常に少ないん**ですね。

表14－2　地球上の水の分布

分　布		質量％
海　水		97.4
淡水	氷　河	1.986
	地下水	0.592
	湖沼・河川	0.021
大　気		0.001

Point!

| 地球の水分布 |

海水＞淡水
淡水では，氷河＞地下水＞湖沼・河川

⑵　水の循環

　地表の水は**太陽エネルギー**を原動力として，水，水蒸気，氷と状態を変化させながら移動しています。このとき熱の輸送が行われるんでしたね（p.196参照）。つまり，**水の循環を介して，地球全体に太陽エネルギーを輸送している**とみることができます。

　図14－8は，水の循環とその量を表したものです。

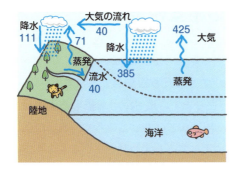

図14−8

海洋と陸地では，水の循環の向きが異なります。

・海洋：蒸発量＞降水量

　海洋では蒸発量が降水量より多いため，流れ込む水がなければ海水が減っていきます。この海水の減少は，河川など，陸からの流水によって補われます。また，海洋から大気中に移動した水蒸気の一部は，大気の流れで陸地に移動します。

・陸地：蒸発量＜降水量

　降水による水の増加は，流水として海洋へ移動します。

・地球全体：蒸発量＝降水量

　結果として，**地球全体では蒸発量と降水量がつり合っています。**そのため，大気中の水蒸気量や海水の量が減ることはありません。

少しわかりづらいので，海水がどんどん減っていかないことを，数値を使って説明してくれませんか？

　図14−8で海洋に着目して，出ていく水の量をマイナス，入ってくる水の量をプラスとして計算してみましょう。

　　　海洋：(−425)＋385＋40＝0
　　　　　　蒸発　　降水　流水

　出ていく水の量と，入ってくる水の量が等しいとわかりましたね。だから海水の量が変化することはないんですよ。海洋と同じように陸地，大気でも出ていく水の量と入ってくる水の量を計算すると

陸地：$(-71)+111+(-40)=0$
　　　<u>蒸発</u>　<u>降水</u>　<u>流水</u>

大気：$425+71+(-385)+(-111)=0$
　　　<u>蒸発</u>　　<u>降水</u>

というように，同じになります。

❷ エルニーニョ現象

　太平洋の東部・赤道直下の海域（南米ペルー沖など）で，**海水温が数℃上昇する**現象が半年以上続くことがあります。これを**エルニーニョ現象**というんですよ。エルニーニョ現象は数年に一度の周期で起こり，**世界的な気候変動が起こる原因となります**。

⑴　エルニーニョ現象のメカニズム

・エルニーニョ現象が起きていないとき（**図 14-9**）

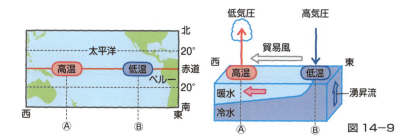

図 14-9

　赤道付近にはつねに，東から西へ貿易風が吹いています。そのため西向きの海流が生じ，東太平洋の暖かい海水は西に運ばれます。すると，**西太平洋の海水の温度が高くなります**（これを**暖水**といいます）。海水の温度が高くなると，その場所の気温も高くなり，低気圧が生じるんでしたね（p.210 参照）。低気圧が生じると，雨が多くなります。

　いっぽう，**東太平洋では暖水が西に運ばれるため，深海から冷水が湧き上がります**（これを**湧昇流**といいます）。そのため海水の温度が低くなります。海水の温度が低くなると，今度は逆に高気圧が生じます。高気圧が生じると，晴天になりやすくなりますね。

　つまり，**西太平洋には低気圧があって雨が多く，東太平洋は高気圧があって晴れ上がっている**，というのが通常の状態なわけです。

・エルニーニョ現象発生時（図14-10）

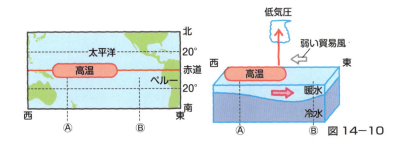

図14-10

　エルニーニョ現象のそもそもの原因は，**貿易風が弱まること**です。エルニーニョ現象が発生すると，貿易風によって西に運ばれていた表層の暖水が東に戻され，高温域が広がります。すると，湧昇流が弱まるため，太平洋中部から東部にかけての水温が上昇して，低温域がなくなります。それにともなって，**雲の発達する低気圧の場所が通常よりも東にずれます**。この気圧配置の変化の影響は世界中におよんで，**日本では冷夏・暖冬の傾向になります**。

⑵　ラニーニャ現象

　エルニーニョ現象とは逆に，貿易風が強くなることもあります。このときは，西太平洋の海水温が平年時より高くなり，東太平洋の冷水の湧き上がりが強くなるため，エルニーニョ現象とは逆で，かつ通常の状態よりも強い気圧傾向となります。この現象を**ラニーニャ現象**といいます。**日本では猛暑・厳冬の傾向になります**よ。

Point!

| エルニーニョ現象 |

貿易風	太平洋西部	太平洋東部
弱まる	水温低下 気圧上昇 降水量減少	水温上昇 気圧低下 降水量増加

練習問題

　水の循環については，次の図のように，大気の流れは海洋上から陸地に 40×10³ km³/年, 陸地から海洋への流水量も 40×10³ km³/年である。このことについて述べた文として最も適当なものを，下の①～④のうちから1つ選べ。

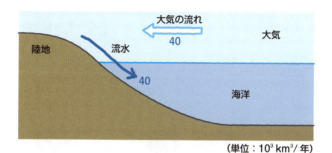

（単位：10³ km³/ 年）

① 陸上では，降水量のほうが蒸発量より少ない。

② 海洋では，降水量のほうが蒸発量より多い。

③ 陸地と海洋の降水量の合計は，陸地と海洋の蒸発量の合計に等しい。

④ 陸地の蒸発量は，海洋の蒸発量と等しい。

解答 ③

解説

① 陸地から出ていく水の量＝陸地に入ってくる水の量となることから，蒸発量＋流水＝降水量となるため, 降水量＞蒸発量となる。よって, 誤り。

② 海洋から出ていく水の量＝海洋に入ってくる水の量となることから，蒸発量＝降水量＋流水となるため, 降水量＜蒸発量となる。よって, 誤り。

③ 陸地と海洋を合わせて地表とすると，地表から出ていく水の量＝地表に入ってくる水の量となる。よって，正しい。

④ 水が多量にある海洋のほうが蒸発量は大きい。よって，誤り。

Chapter 4

宇宙 ～なぜいろいろな星があるの？～

　Chapter 4 では，まず，地球をはじめとする，太陽系にある多くの天体の特徴について勉強していきます。

　みなさんは太陽系にはどんな天体があるか知っていますか？

太陽です。ほかにも月や金星，
リングがきれいな土星なども知っています。

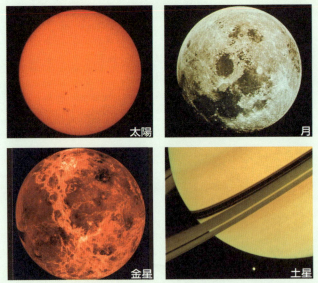

太陽

月

金星

土星

株式会社
データクラフト

　太陽は恒星，金星や土星は地球と同じ惑星，月は地球の衛星に分類されます。恒星とは自ら光り輝いている星で，夜空に見える星座の星々の仲間です。惑星とは恒星のまわりを公転している天体，衛星は惑星のまわりを公転している天体のことです。太陽系の惑星は，太陽に近い順に並べると水星，金星，地球，火星，木星，土星，天王星，海王星の８つがあるんですよ。

昔，冥王星という惑星があったと聞いたんですが，この天体はなくなってしまったんですか？

　なくなったわけじゃありません。冥王星は海王星の外側にある小さな天体で，以前は"惑星"とされていました。しかし，冥王星は太陽を回る軌道の形や，星をつくっている物質などが，ほかの太陽系の惑星とは異なっていました。さらに，1992年以降，冥王星付近の領域に，冥王星と大きさが似た天体が次々と発見されたため，これらを踏まえて2006年の国際天文学連合の総会で，冥王星は"惑星"から"準惑星"となり，"太陽系外縁天体"に分類が変わったんですよ。

そうだったんですか。惑星や衛星以外にもいろいろな天体の分類があるんですね。

　太陽に近づくと尾を発生させる彗星，おもに火星と木星の間に数多く存在する小惑星，流星のもとになる細かい塵である星間塵や隕石のもとになる小天体など，いろいろな分類がありますよ。

彗星

流星

株式会社
データクラフト

　太陽系の天体のうち，衛星である月や，惑星である金星，火星，木星，土星は明るい天体なので，空が明るい都会でも肉眼で容易に観察することが可能です。勉強の合間にたまには空を見上げて，星を身近に感じてくださいね。運がよければ流星が見られるかもしれません。

　さて，Chapter 4 では，次に太陽系の外側に広がる宇宙の構造や宇宙の歴史を勉強していきます。

　宇宙の広がりを距離で表すとき，光の進む距離で表します。光は世の中で最も速く，1秒間に地球を 7.5 周することができるんです。秒速どれくらいか計算できますか？　地球の半径を 6400 km，円周率を 3.14 としましょう。

> 地球の円周は 2×半径×3.14 で求めることができるので，
> それの 7.5 倍は
> 2×6400×3.14×7.5 km＝約 30 万 km
> ものすごい速さですね。
> このような速度で飛ぶロケットができれば，
> 宇宙旅行も簡単にできますね。

　光速のロケットができれば，月までは 1.3 秒，太陽までは約 8 分，最も遠い惑星の海王星までは約 4 時間でいくことができるんです。

　でも宇宙は非常に広いんです。太陽系から少し離れた，太陽に最も近い恒星である，ケンタウルス座α星でも光の速さで 4.3 年かかります。地球と太陽の間の距離を 1 m とすると，ケンタウルス座α星までの距離は約 290 km に相当するんです。

> え〜!　お隣の恒星でもそんなに遠いんですか。
> じゃあ宇宙の広がりはそれよりずっと大きいんですね。

　その通り。光の速さで 1 年進んだ距離を 1 光年といいますが，銀河系の大きさは直径約 15 万光年の広がりがあるんですよ。太陽は約 2000 億個の恒星の大集団である銀河系の中の 1 つの星です。

> あわわ……。すごく大きい太陽ですら，2000 億個のうちの 1 つですか？　銀河系ってハンパないですね。

すごいですよね？　でも，宇宙はもっともっと広いんです。本編でそのあたりは説明しますね。

夜空の星を私たちが見るということは，「その星の発した光が目に入ってきた」ということです。10光年の距離がある星を私たちが観察したときは，その星が発した光が私たちの目に届くのに10年かかるので，10年前の光を見ることになりますね。だからず〜っと遠い天体を観察することは……

宇宙の大昔の姿を見ることになるんですね!

その通り。宇宙は，地球が誕生した約46億年前よりずっと前に誕生したと考えられています。だから，はるかかなたに離れた天体を観測することによって，宇宙の過去の姿を読み解いていくことができるんです。

星を見ることは過去の宇宙の姿を見ることか……。
何かロマンティックですね。星の見方が変わりました。

宇宙にはとてもロマンがありますね。次のお休みの日には，近くにあるプラネタリウムに行ってみてはいかがですか？

太陽系

>> 太陽系の天体

① 太陽系の構成天体

　太陽と，そのまわりを公転している天体の集まりを**太陽系**といいます。図 15−1 のように，太陽系には**太陽を中心にして，さまざまな天体が存在**しています。太陽−地球間の平均距離を**1 天文単位（1AU）**といい，**1.5 億 km** に相当します。

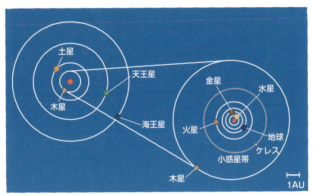

図 15−1

　　太陽系はどれくらいの大きさがあるんですか？

　太陽から，最も遠い惑星である海王星までは約 30 天文単位です。しかし太陽系の範囲は，海王星までではありません。海王星の回転している領域よりさらに遠くには，冥王星(めいおう)を代表とする**太陽系外縁天体**とよばれる，天体群が見つかっています。そして，さらにその外側に，**オールトの雲**とよばれる領域が推定されており，太陽系の**大きさは 1 万天文単位以上**と考えられているんですよ。

　太陽系を構成する天体の種類をまとめておきましたので，理解しておきましょう。

Point!

| 太陽系を構成する天体 |

太陽：自ら光り輝く星で恒星という。太陽系の全質量の99.8％以上を占める。

惑星：太陽のまわりを公転する比較的大きな天体で，太陽から近い順に**水星，金星，地球，火星，木星，土星，天王星，海王星**の8個が存在する。

小天体：小惑星，太陽系外縁天体，彗星，衛星などがある。小惑星などの破片が地球に衝突して採取されたものやほかの天体などに衝突したものが隕石である。

---

❷ 太陽系の誕生

　今から46億年前，現在の太陽系の位置にはガスや塵が漂っていました。これらを**星間物質**といいます。これが**収縮して太陽系が誕生**しました。**ガスの主成分は水素（H）とヘリウム（He）からなり**，これが星間物質の99％以上を占めます。塵は岩石や金属，氷などでできています。

> 46億年前というと地球が誕生したときと同じですが，太陽系も同じなんですか？

　とてもいい質問ですね！　**太陽もほかの惑星も，地球とほぼ同時期に誕生した**と考えられているんですよ。月の岩石や，小惑星の破片である隕石のつくられた年代を調べると，約46億年前なんです。

❸ 太陽系の形成モデル

どうやって太陽系は現在の形に落ちついたのですか？

では，順を追って説明していきましょう。

⑴　まず，水素・ヘリウムを主成分とする星間物質が集まって収縮し，中心部に**原始太陽**が形成されます。**残りの星間物質は回転運動をしながら平たい円盤になり**，**原始太陽系星雲**を形成しました（図 15−2）。

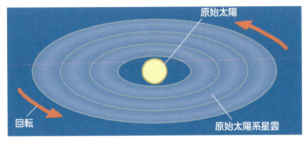

原始太陽

回転

原始太陽系星雲

図 15−2

⑵　原始太陽系星雲の中央にある原始太陽に入らなかった**星間物質のうち，大きめの塵がたがいに衝突・合体する**ようになりました。その結果，直径 1 〜 10 km の**微惑星**が多数形成されました（**図 15−3**）。

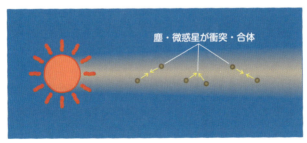

塵・微惑星が衝突・合体

図 15−3

⑶　⑵のようにしてできた微惑星が衝突・合体をくり返して，原始地球やほかの**原始惑星**に成長しました（図 15−4）。

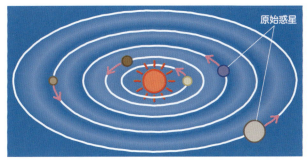

図 15-4

図 15-4 を見ると，原始惑星の大きさが太陽から
遠いほど大きくなっていますが，なぜですか？

　微惑星の成分は，太陽に近い領域では岩石と金属が主体です
が，遠い領域では岩石と金属に加えて，氷も主体になります。もと
になる材料が多かったため，太陽から離れた原始惑星は大きく成長した
と考えられているんですよ。

(4)　(3)でできた原始惑星がさらに衝突・合体を繰り返して，惑星が形成さ
　　れます（図 15-5）。太陽に近い領域では，岩石や金属を主成分と
　　する地球型惑星（水星，金星，地球，火星）が形成されます。

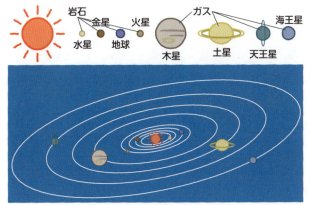

図 15-5

　　いっぽう，**太陽から遠い領域では**，大きく成長した原始惑星が水素やヘリウムなどのガスを引き寄せます。その結果，**巨大なガス惑星である木星型惑星**（木星，土星，天王星，海王星）となります。その外側では微惑星が成長できないものが多かったため，そのまま取り残されて太陽系外縁天体となるのです。

❹ 地球型惑星と木星型惑星

　　次に，地球型惑星と木星型惑星の違いを見ていきましょう。

（1）　内部構造

　　図 15−6 のように，地球型惑星は岩石からなる地殻・マントルがあり，中心部には金属からなる核が存在します。

　　それに対して，木星型惑星は表面が厚いガスに覆われています。その下に，高い圧力のもとで液体となった**金属水素**があり，中心部に岩石や氷からなる核をもっているのではないかと考えられています。

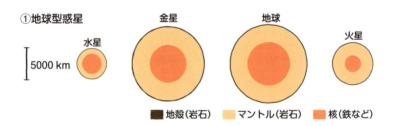

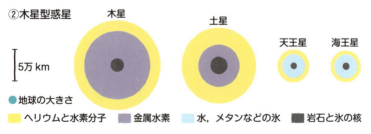

図 15−6

　　　　図 15−6 を見ると木星型惑星の中で，天王星と
　　　　海王星は，少し違うような気がしますが…。

スルドイですね！　天王星と海王星は表面を覆うガスが少なく，厚い氷の層が中心部を取り巻いている構造をしています。だから，天王星と海王星だけを分けて，天王星型惑星として分類する意見もあるんですよ。

⑵　特徴
　　地球型惑星は木星型惑星と比較して，**半径が小さく，密度が大きくなっています。**また，**自転周期**や**リング（環）**の有無など，さまざまな違いがあります。それぞれの特徴を**表 15−1**で確認しておきましょう。

表 15−1　地球型と木星型の比較

	地球型惑星	木星型惑星
惑星名	水星，金星，地球，火星	木星，土星，天王星，海王星
半径	小	大
質量	小	大
密度	大	小
自転周期	ゆっくり	速い
リング	なし	あり
衛星の数	ない，または少ない	多い

公転周期は太陽から遠ざかるほど大きい。

❺ **各惑星の特徴**

⑴　地球型惑星：**半径が小さく，おもに岩石や金属からなっており，「岩石惑星」**とよばれることもあります。

・**水星**（図 15−7）：太陽系の惑星の中で最も半径と質量が小さく，**表面には無数のクレーター（隕石の衝突の跡）が存在**します。これは，水星には大気や水が存在しないため，古いクレーターが侵食されずに残るためです。また，昼間の温度は約 400℃以上，夜間は約−180℃まで低下します。

なぜ，昼夜の温度差がこんなに大きくなるんですか？

水星の自転周期は約59日もあるんです。自転周期が長いと昼間の時間が長くなり，昼間は長時間太陽光にさらされるため，とても高い温度になります。また，夜の時間も長くなり，その間は長時間太陽光が当たらないため，低温になるんですよ。さらに大気がないの

株式会社データクラフト   図15−7

で，大気の循環による熱の移動が行われません。そのため，昼夜の温度差が大きくなります。

・**金星**（図15−8）：地球とほぼ同じ大きさです。ところが，主成分が二酸化炭素からなる厚い大気（約90気圧）に覆われています。二酸化炭素といえば，温室効果ですね（p.200）。**温室効果の影響で，表面温度は，最高で460℃の高温に達します。**惑星は

株式会社データクラフト   図15−8

ふつう，自転（地球でいえば西から東）と公転の向きが同じなのですが，**金星だけは自転と公転の向きが逆**です。

・**地球**（図15−9）：**太陽系内で唯一液体の水による海をもちます。**大気の主成分は窒素と酸素です。公転面に垂直な線に対して，自転軸が23.4°傾いているため，太陽光線の受け取りかたが変わり，季節の変化が見られます。

株式会社データクラフト   図15−9

・**火星**（図 15−10）：半径は地球の半分くらいで，地球と同じく自転軸が傾いているため，季節変化が見られます。**大気の主成分は二酸化炭素で，大気圧は地球の約 $\dfrac{1}{100}$ 以下**しかないんですよ。火星には，巨大な火山や渓谷（けいこく）が存在しています。**現在は液体の水は発見されていません**が，河川跡のような地形が見られることから，**かつては液体の水が存在していた**と考えられています。また，極地域にはおもにドライアイスからできた極冠がみられます。

株式会社データクラフト　　図 15−10

(2)　木星型惑星：半径が大きく，**おもに水素とヘリウムの厚いガス成分に覆われていることから，特に木星と土星は「巨大ガス惑星」とよばれることもあります。**

・**木星**（図 15−11）：**太陽系最大の**惑星で，表面には縞（しま）模様や大小の渦（うず）が見られ，特に大きな渦を**大赤斑**（だいせきはん）といいます。表面温度は約−150℃と低く，60個以上の衛星を有しています。

株式会社データクラフト　　図 15−11

・**土星**（図 15−12）：太陽系で 2 番目に大きな惑星ですが，平均密度は最も小さいです。**望遠鏡で観察できるリングをもち，その幅は約 7 万 km であるが，厚さは最大数百 m ほどで非常に薄い**んですよ。また，60 個以上の衛星を有しています。

株式会社データクラフト　　図 15−12

土星のリングって何からできているんですか？

　直径１ｍくらいの**氷を主体として，岩片などが多数集まったもの**です。これらが土星のまわりを公転しているんです。ほかの木星型惑星にもリングがあることが発見されていますが，規模が小さいため，地球から観察することは難しいんです。

・**天王星**・**海王星**：この２つの惑星は表面温度が－200℃以下と非常に低温で，大きさ・構造ともに似ています。天王星は，公転面に垂直な線に対して，自転軸が大きく傾いていて，横倒しになって自転しています。

❻ その他の小天体

(1)　**衛星**：惑星のまわりを公転している天体のことを衛星といいます。特に**木星型惑星は，多数の衛星を有しています。**

・**月**（図 15−13）：半径は地球の約$\frac{1}{4}$で，表面は岩石からできています。

写真を見ると，クレーターが多い部分と少ない部分がありますね。

　月が生まれたころ，まわりにはまだ微惑星がたくさん存在していたため，隕石（いんせき）がたくさん落ちてきて，多くのクレーターができました。その後，隕石の衝突が減少し，月の内部から溶岩が噴出したんです。この溶岩が低い部分を埋め，海とよばれる部分をつくりま

株式会社データクラフト　　**図 15−13**

した。その結果，**クレーターが多い白く明るく見える部分（高地）と，クレーターの少ない暗く平坦な部分（海）ができた**んですよ。

・**木星型惑星の衛星**：大きなものが多く，木星の衛星の「イオ」には火山活動が確認されており，土星の衛星の「エウロパ」には，液体の海が存在するといわれています。

(2) **小惑星**：**おもに火星と木星の間を公転している**岩石からなる小天体で，50万個以上が発見されています。これらが **小惑星帯** を形成しているんですよ。多くは直径10km以下の天体ですが，最も大きな小惑星はケレスといい，直径は約1000kmもあります。

小惑星って，もともと何だったんですか？

　小惑星は微惑星が分裂したり，分裂した破片が再び合体したりして，できたものです。太陽系が形成された，初期の微惑星が起源となっていると考えられているんですよ。日本の探査機「はやぶさ2」が調査した「リュウグウ」も小惑星の1つです。

(3) **太陽系外縁天体**：**海王星の外側を公転している小天体を，太陽系外縁天体と総称**します。これらは**氷を主体とする小天体**で，直径100km以上のものだけでも現在，1000個以上見つかっているんですよ。かつては惑星に分類されていた**冥王星**も，現在は太陽系外縁天体とされています。太陽系外縁天体のなかには，冥王星より大きなものも見つかっているんですよ。

(4) **彗星**：**太陽のまわりを楕円軌道で公転する小天体**で，太陽に近づくと尾を発生させるものを，彗星といいます。彗星は**氷を主体**とし，そのほかに岩石質の塵などからできていて，直径は数kmほどの小さな天体です。太陽に近づくと温められて，**図15-14** のように表面からガスや塵を放出し，コマとよばれる明るい部分が形成されます。また，このとき放出されたガスや塵の一部は，太陽の影響(太陽風)によって，太陽と反対側に伸びた尾を発達させます。

イオンの尾　コマ　塵の尾
株式会社データクラフト　**図15-14**

(5) **隕石**：おもに小惑星帯などにある小惑星の破片が地球やほかの天体に接近し，衝突したものを隕石といいます。**大きな隕石がぶつかった跡には，クレーターとよばれる円形のくぼ地ができます。**

❼ 地球

(1)　太陽からの距離

・ハビタブルゾーン：H_2O が液体の水として存在でき，宇宙空間で生命が存在するのに適した領域をハビタブルゾーンといいます。太陽系の惑星の場合，図15−15のように，地球のみがハビタブルゾーンに入っています。

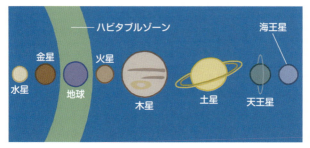

図15−15

・ハビタブルゾーンの領域外：太陽に近い水星・金星は表面温度が高く，H_2O は水蒸気（気体）となってしまいます。逆に，太陽から遠い火星は表面温度が低く，H_2O は氷（固体）になります。

H_2O が水（液体）だと，何で生命が存在するのに適しているんですか？

　私たちの体の約7割は，海の化学組成に近い水からできているんです。だから，水が存在しないと生命を維持していくことができないんですよ。

(2)　ハビタブルゾーンにある天体

・地球：大気や水を表面にとどめておくのに十分な重力が生じている。

・月：質量や大きさが小さいため，生じる重力も小さくなり，大気や水を表面にとどめておくことができない。

練習問題

　惑星タイプの比較の表に関するボルカさんと先生の会話文につい

	地球型惑星	木星型惑星
質量	小さい	大きい
平均密度	大きい	小さい
偏平率	小さい	大きい

て，空欄 ア ～ ウ に入れる語の組合せとして最も適当なものを，下の①～⑧のうちから一つ選べ。

ボルカさん：地球型惑星よりも木星型惑星のほうが質量が大きいですが，なぜそのような違いができたのですか。

先生：地球型惑星よりも木星型惑星のほうが太陽からの距離が ア ため，惑星形成時に材料となる物質を大量に取り込めたことに関係します。

ボルカさん：惑星をつくる材料と木星型惑星の平均密度が小さいことは，関係がありますか。

先生：そうですね。惑星を構成する材料として，木星型惑星の主成分が イ になったことが原因となります。

ボルカさん：偏平率にも違いがありますね。

先生：これは木星型惑星の自転周期が，地球型惑星よりも ウ ことなどが原因となっています。

	ア	イ	ウ		ア	イ	ウ
①	近い	水素・ヘリウム	短い	⑤	遠い	水素・ヘリウム	短い
②	近い	水素・ヘリウム	長い	⑥	遠い	水素・ヘリウム	長い
③	近い	岩石・金属	短い	⑦	遠い	岩石・金属	短い
④	近い	岩石・金属	長い	⑧	遠い	岩石・金属	長い

解答 ⑤

解説

ア ：太陽に近い地球型惑星の領域では，微惑星の成分は岩石や金属が主成分であったが，太陽から遠い木星型惑星の領域では，岩石，金属に加えて氷の成分が加わったため，惑星が大きく成長し，ガスの成分も取り込んで質量が大きくなった。

イ ：地球型惑星の主成分は密度の大きな岩石や金属，木星型惑星の主成分は密度の小さな水素やヘリウムからなる。

ウ ：木星型惑星の自転周期は地球型惑星よりも短く，高速で自転しており，遠心力が大きくなるため，偏平率が大きくなる。

Theme ⑯
太陽の特徴

≫ 太陽の構造と活動

❶ 太陽の概観

⑴ 太陽の半径：約 70 万 km

　地球から見ると，見かけの大きさは満月とほぼ同じですが，実際は月よりはるかに大きく，**地球の約 109 倍の大きさ**があります。

⑵ 太陽の質量：約 2.0×10^{30} kg

　地球の質量の約 33 万倍で，**太陽系の全質量の 99.8 %**を占めます。

> 太陽が巨大なのはわかるんですが，太陽の半径が地球の109 倍なのに，質量がなんで 33 万倍にもなるのか想像できません！

　質量を比べるときは，まず体積の比を計算しなければいけないからですよ。半径が 109 倍の場合，体積は半径の 3 乗倍になるので，$109^3 =$ 約 130 万倍になるんです。しかし実際の質量は 33 万倍でしたね。つまり，**太陽は地球より軽い物質からできている**ことが，この計算からわかるんですよ。

❷ 太陽の組成

⑴ スペクトル

　可視光線をプリズムに通すと，**図 16－1** のようにいろいろな色の光の帯ができます。この光の帯を**スペクトル**といいますよ。

　プリズムは，光の波長(つまり，光の色)の違いによって，異なる角度に光を屈折させる性質があります。

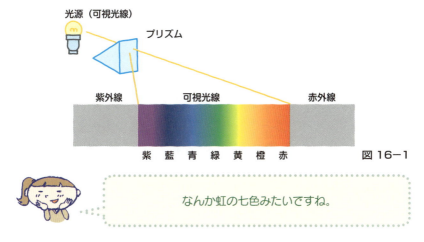

図 16-1

なんか虹の七色みたいですね。

　ええ，いい指摘ですね。虹もまた，太陽の光が大気中で七色に分けられてできたものなんです。虹の場合は，空気中の細かい水滴（すいてき）がプリズムの代わりをしているんです。

(2)　太陽大気の元素組成

　太陽の光にも可視光線が含まれるので，プリズムに通すとスペクトルができます。しかし，**図 16-2** のように，ところどころに暗線（吸収線）ができてしまいます。この暗線を**フラウンホーファー線**といいます。

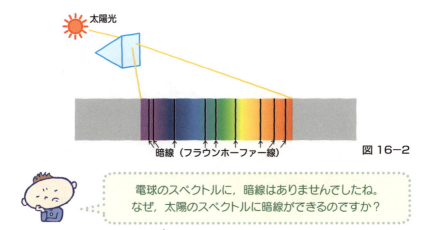

図 16-2

電球のスペクトルに，暗線はありませんでしたね。
なぜ，太陽のスペクトルに暗線ができるのですか？

太陽の，光を出している部分より外側の層のことを太陽大気というんですが，太陽大気中にはさまざまな元素が存在します。**元素にはそれぞれ固有の波長（色）の光を吸収する性質がある**ので，太陽が発した光のうち，太陽大気中の元素が吸収した波長の光は，地球に届かないんですよ。だから，暗線（フラウンホーファー線）ができるんですね。

したがって，**フラウンホーファー線と同じ暗線をもつ物質を調べれば，太陽大気に含まれる元素の種類と存在量を知ることができるんです！**これにより，**太陽大気は，おもに水素とヘリウムからできている**ことがわかっています。

図16-3

水素は元素のなかで最も軽く，ヘリウムはその次に軽い元素です。**宇宙を構成する元素は水素，ヘリウムでほぼ99％を占めている**んですよ。ちなみに，木星型惑星もほとんど水素とヘリウムでできていることは勉強しましたね（p.248）。太陽の化学組成は太陽大気の化学組成とほぼ同じだと考えられています。**太陽の化学組成は木星型惑星に近く，平均密度も木星型惑星とほぼ同じ**なんですよ。

❸ 太陽の表面

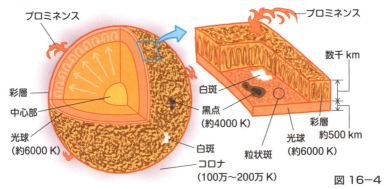

図16-4

⑴　**光球**：可視光線で見られる太陽の表面のことを，光球といいます。**光球は，太陽の表面からだいたい 500 km くらいの薄い層**です。

　　太陽の表面温度は約 6000 K（ケルビン：絶対温度）です。しかし，望遠鏡で太陽の写真を撮ると，**円の中央部から周辺部にいくほど暗くなっていきます。**この現象を**周辺減光**といいます。

　　さらに，光球をよく見ていくと，**粒状斑**という小さなつぶつぶの模様を観察することができます。太陽の内部では，高温のガスが上昇し，冷えると下降するという，対流が起きています。**粒状斑は，その対流のときにできる模様**で，それぞれの大きさは 1000 km ほどあり，その寿命は 5 〜 10 分です。

⑵　**黒点**：**光球の表面に存在する黒い点を黒点といいます。**

　　表面温度が約 4000 K と光球より低温のため，黒く見えます。黒点の寿命は平均 10 日くらいで，**黒点の数が，多いときは太陽活動が活発に，少ないときは太陽活動が穏やかに**なるんですよ。

> 何で黒点は光球より低温になるんですか？

　いい質問ですね！　**黒点には強い磁場があります。**この磁場が強いため，太陽の内部から湧き上がってくる**高温のガスを妨害**してしまうんです。したがって，黒点は低温になるんです。

⑶　**白斑**：光球より温度が 600 K ほど高温の明るい斑点を，白斑といいます。黒点のそばや，光球のふちなどに見えます。

⑷　**彩層**：光球を取り巻く薄い大気層を，彩層といいます。皆既日食のとき，赤く見えます。

⑸　**コロナ**：彩層の外に広がる薄い大気の層で，100 万 K 以上の高温になるため，水素やヘリウムなどの原子から電子がはぎ取られ，イオンになっています。イオンや電子は太陽風(p.261)となって周囲に放出されます。これは地球で発生するオーロラなどの原因になります。

　コロナは皆既日食のとき，**図16-5**のように真珠色(つやのある灰白色)に観察することができます。

株式会社データクラフト　　**図16-5**

⑹　**プロミネンス**：彩層の外側に張り出して見える，巨大な炎のようなものがプロミネンスです。プロミネンスは彩層から噴出するものや，コロナのなかに浮いているものなどがあります。

❹ 太陽のエネルギー源

　太陽の中心部では，**4個の水素(H)原子核が1個のヘリウム(He)原子核に変化する核融合反応**が起きています。それによって，大量のエネルギーが放出され，これが**太陽のエネルギー源**になっているんですよ。太陽の中心部の温度は約1600万Kにもなります。

大量のエネルギー

H原子核　　核融合　　He原子核　　**図16-6**

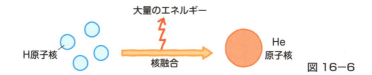

核融合反応って，化学反応と違うんですか？

　根本的に異なる反応です。化学反応は，たとえば炭を燃やすとき，炭素(C)と酸素(O_2)が化合して二酸化炭素(CO_2)ができますよね。このときの化学反応式は，$C + O_2 \rightarrow CO_2$ となり，新しい元素は生まれていないし，反応前と反応後の質量も変化しないんです。

　しかし，核融合反応の場合，水素(H)からヘリウム(He)という**新しい元素が生まれる**んです。さらに，**反応のとき質量が失われて，それが莫大なエネルギーに変化する**んですよ。少し難しい話なので，「核融合反応は化学反応とは違う」ということだけ，覚えておいてください。

❺ 太陽の活動と地球への影響

⑴ **フレア**：**太陽表面での爆発現象**をフレアといいます。このとき，黒点上空の彩層やコロナが急激に明るくなります。太陽活動が活発なときに多く発生し，X線や太陽風が放出されるんですよ。

⑵ **太陽風**：コロナを構成している，イオンや電子などの**電気を帯びた粒子の一部が，宇宙空間に流れ出したもの**を太陽風といいます。

太陽風が地球に到達すると，高緯度の空気の粒子と衝突して発光する**オーロラ**が見られます。

⑶ **X線**：**フレアによって，X線が大量に発生します。**これが地球大気の熱圏に影響を与えて，通信障害などを引き起こす**デリンジャー現象**が発生することがあります。

❻ 太陽の自転

太陽は赤道付近では東から西へ約27日で自転しています。

太陽が自転していることは，どうやってわかったのですか？

太陽の表面に黒点が現れることがありましたね。この黒点の動きを観察することによって，太陽の自転の周期や向きを知ることができるのです。図16−7は，太陽表面の黒点の5日間の動きをスケッチしたものです。

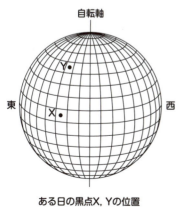

ある日の黒点X, Yの位置

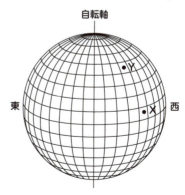

5日後の黒点X, Yの位置

図16−7

　黒点 Y の動きから太陽の自転周期を求めてみましょう。黒点 Y は 5 日間で太陽の経線上を 60°（6 マス分）動いています。自転周期は自転軸まわりを 360° 移動して元の位置に戻ってくることなので，5 日間：60°＝□日間：360° より □＝30 日間

　よって，太陽の自転周期は 30 日と求めることができました。

> 黒点 X を見ると黒点 Y よりも 1 マス余分に
> 動いていませんか？

　よく気づきましたね。その通りで太陽の赤道付近では，5 日間に 70° 動いています。だから赤道付近の自転周期は，5 日間：70°＝□日間：360° より □＝約 26 日間となり，太陽の自転周期は低緯度ほど短くなります。

> それでは，太陽がねじれて壊れてしまうと思うのですが。

　心配ありません。太陽の表面は固体でできていないので壊れないのですよ。

練習問題

　太陽について述べた文として最も適当なものを，次の①～④のうちから 1 つ選べ。

① 　水素の核融合反応は太陽の全体で起こっている。
② 　太陽の密度は，地球の密度 5.5 g/cm^3 より大きい。
③ 　太陽の大気組成は太陽のスペクトル中にある吸収線から推定される。
④ 　黒点の少ないときほど太陽活動は活発である。

解答　③

解説

① 　水素の核融合反応は，太陽の中心部のみで起こっている。よって，誤り。
② 　太陽の密度は木星型惑星と似ており，地球より小さい。よって，誤り。
④ 　黒点の数が多いときほど，太陽活動は活発である。よって，誤り。

>> 1. 恒星としての太陽

星の明るさのめやすとして等級が用いられており，**等級が小さいほど明るくなります。** 等級は「級」の字をのぞいて，「1 等」「2 等」と数えます。5 等小さいと明るさが 100 倍，1 等小さいと明るさが約 2.5 倍になるんですよ。

> | 星の等級と明るさ |
>
> **等級が小さいほど，星は明るくなる。**

 　5 等小さいと明るさが 100 倍なのに，1 等小さいと何で 2.5 倍なんですか？ 100÷5＝20 倍にならないんですか？

　1 等小さいと明るさが約 2.5 倍になることから，2 等小さいと明るさは 2.5×2.5＝6.25 倍，5 等小さいと明るさは $2.5^5 ≒ 100$ 倍になるんです。

　少しくわしく説明すると，1 等小さくなると明るさは $100^{\frac{1}{5}}$ 倍（約 2.5 倍）になります。だから 2 等小さくなると明るさは $100^{\frac{2}{5}}$ 倍（約 6.25 倍），5 等小さくなると明るさは $100^{\frac{5}{5}}＝100$ 倍になるのです。

- 見かけの等級：**地球から見た恒星の等級のことを，見かけの等級といいます。** 太陽の見かけの等級は約 −27 等で，全天で最も明るい天体です。太陽を除いた恒星のうちで最も明るいのは，おおいぬ座のシリウスで，−1.4 等です（**表 17−1**）。

表 17-1　おもな恒星の見かけの等級

恒星名	見かけの等級
太陽	−27
シリウス(おおいぬ座)	−1.4
ベガ(こと座)	0.0
ベテルギウス(オリオン座)	0.4
アンタレス(さそり座)	1.0
デネブ(白鳥座)	1.3

−27 等ですか!　太陽は，宇宙のなかで
ものすごく明るい特別な天体なんですね!

　いいえ，そうではないんですよ。**見かけの等級は，その星本来の明
るさもありますが，その星までの距離によって大きく変化する**んです。太
陽は，ほかの恒星と比較して**地球に非常に近いため，特に明るく見える**
だけなんですよ。さまざまな恒星を，仮に同じ距離に置いてみて明るさを
比べると，太陽はごく標準的な明るさの恒星で，特別な天体ではありませ
ん。

練習問題

　太陽と満月の見かけの等級をそれぞれ−27 等，−13 等とする。満月を
およそ何個分集めると太陽と同じ明るさになるか。最も適当な数値を，次
の①〜④のうちから 1 つ選べ。

①　2.5×10^5　　②　4×10^5　　③　2.5×10^6　　④　4×10^6

解答 ②

解説

　太陽の明るさが満月の何倍になるかを考える。太陽の等級は月より

$-13-(-27)=14$ 等小さい。

　明るさが 5 等小さいと明るさが 100 倍,

10 等小さいと明るさが $100×100=10000=10^4$ 倍,

15 等小さいと明るさが $10^4×100=10^6$ 倍となる。

1 等大きいと明るさが約 2.5 倍暗くなることから, 14 等の差は

$10^6÷2.5=4×10^5$ 倍となる。

　したがって, 満月を $4×10^5$ 個集めると太陽と同じ明るさになる。

>> 2. 太陽の誕生と進化

① 太陽の誕生

(1)　星間物質：恒星と恒星の間に存在する水素, ヘリウムからなる**星間ガス**と, 直径 0.01 〜 1 µm の**固体微粒子**(星間塵)を**星間物質**といいます。1 µm は $1×10^{-6}$ m です。

(2)　星間雲：宇宙のなかで, **星間物質が, ほかより濃く集まっている領域**を**星間雲**といいます。

(3)　星間雲の種類

・**散光星雲**：星間雲のうち, 近くの明るい星の放射を受けて**輝いて見える**もの(図 17−1)。

株式会社データクラフト　　**図 17−1**

・**暗黒星雲**：地球との間にある星間雲によって，地球に届く恒星の光がさえぎられ，**黒く見える**もの（図17-2）。

株式会社データクラフト　　**図17-2**

(4)　原始星：**星間雲のなかで，とくに密度の高い部分が，自分自身の重力によって収縮する**ことがあります。星間雲は収縮すると，内部の温度が高くなっていきます。こうして生まれた恒星を**原始星**といいます。原始星の段階であった太陽を**原始太陽**といい（p.246），太陽はこの段階が約3000万年続いたと考えられていますよ。

　どうして，収縮すると温度が上がっていくんですか？

　星は，自分自身の重力により収縮しています。つまり，星の中心に向かい，星を構成する原子や分子が落下するということです。この原子や分子の落下するエネルギーが，熱に変わります。難しい話なので，「星が収縮したら温度が上がる」というのを覚えてくださいね。

❷ 現在の太陽

(1)　主系列星の誕生：原始星が収縮し，**中心部の温度が約1000万K以上に上昇すると，中心部で水素がヘリウムに変わる核融合反応**（p.260）**がはじまります。**この核エネルギーで，恒星が輝くようになるんですよ。また，核エネルギーは星を膨張させるはたらきもするので，収縮させようとする重力とつり合って，収縮が止まります。この段階まで至った恒星を**主系列星**といい，**恒星は，一生のうち最も長い期間を主系列星で過ごします。**現在の太陽は，主系列星の段階にあります。

⑵　太陽の寿命：恒星が主系列星の段階にある期間を寿命として考えることができ，**太陽の場合はおよそ 100 億年間と見積もられています。**現在の太陽の年齢は 46 億年なので，あと 50 〜 60 億年間は主系列星として輝くと考えられています。この間，星の明るさや半径はほとんど変化しません。核融合反応による水素の消費量が，恒星全体の質量の約 $\frac{1}{10}$ 倍になると，主系列星の明るさや大きさが変化すると考えられています。

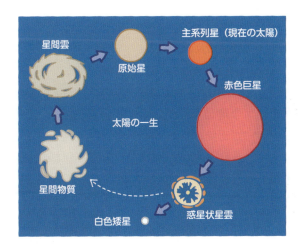

図 17-3

❸ 太陽の将来と終末

⑴　赤色巨星への進化

　太陽の中心部にヘリウムがたまると，中心部では，水素による核融合反応が起こらなくなります。主系列星のときは，重力による収縮と，核エネルギーによる膨張がつり合って，中心部の大きさが安定していました。しかし，ヘリウムが多くなり，核融合反応をしなくなった中心部は，自らの重力によって収縮します。いっぽうで，**中心部の外側で水素核融合反応が起こる**ようになり，**急激に膨張して赤色巨星**になります。このとき，表面温度は下がります。赤色巨星とは，主系列星よりも半径や明るさがとても大きな星です。太陽の場合，表面温度はおよそ 6000 K から

3000 K に低下し，明るさは約 1000 倍になると見積もられています。

なんで温度が下がるのに明るくなるんですか？

それは**膨張することによって，表面積が大きくなるから**なんですよ。たとえば夜，ぽつんと一軒だけある家の明かりを遠くから見ても，ほとんど見えませんよね。しかし，たくさんの家の明かりが集まった町の明かりは，遠くからでも見えますね。それと同じと考えればいいですよ。

(2)　巨星中心部での核融合反応

　p.266 で説明しましたが，収縮すると温度が上がるのでしたね。ヘリウムが多くなると，巨星の中心部は収縮するので，温度が上がります。**1 億 K に達すると，今度はヘリウムが核融合反応を起こして炭素や酸素がつくられます。**この間は巨星全体もいったん収縮に転じるのですが，さらに時間がたち，ヘリウムも使い切って，炭素や酸素の核ができるようになると，巨星は再び膨張をはじめます。

太陽はどれくらいまで膨張するんですか？
また地球はどうなってしまうんですか？

　太陽は現在の約 200 倍まで膨張すると考えられていますよ。これは水星や金星の軌道をのみ込み，地球のすぐ近くまで来ることになります。だからそのとき地球は，太陽に吹き飛ばされているか，現在の軌道にいれば太陽の熱によって蒸発してしまう運命にあるんですね。

⑶　惑星状星雲から白色矮星へ

　中心部でヘリウムが消費しつくされる頃になると，中心部での核融合反応は停止して，**赤色巨星の外層部のガスが流れ出します。**すると，図**17-4**のような，惑星状星雲となります。

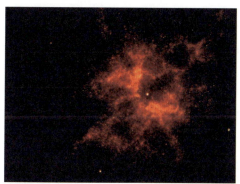

株式会社データクラフト　　　　　図**17-4**

・最終的にはガスも失われて，中心部に白色矮星とよばれる，比較的高温で，現在の太陽の $\frac{1}{100}$ くらいの大きさの小さな天体が残されます。

白色矮星は高密度の天体で，核融合反応を停止しており，あとは徐々に冷えて暗くなっていきます。これが太陽の最後の姿ですよ。

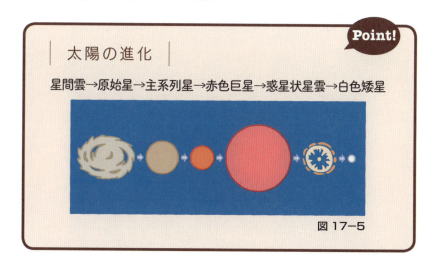

Point!

| 太陽の進化 |

星間雲→原始星→主系列星→赤色巨星→惑星状星雲→白色矮星

図**17-5**

練習問題

　太陽の進化について述べた文として最も適当なものを，次の①〜④のうちから1つ選べ。

① 　太陽は今から約100億年前に，原始星として誕生した。
② 　現在，太陽のエネルギー源はヘリウムの核融合反応である。
③ 　将来太陽は，膨張して表面温度は低下する。
④ 　太陽は最期に白色矮星となり，核融合反応によって高温で輝く。

解答　　③

解説

① 　太陽は今から46億年前に誕生した。100億年は太陽の寿命である。よって，誤り。
② 　主系列星のエネルギー源は水素核融合反応である。よって，誤り。
③ 　約50億年後，太陽は赤色巨星に進化する段階で急膨張して表面温度は低下する。よって，正しい。
④ 　白色矮星は核融合反応を停止しており，余熱で光っている。よって，誤り。

>> 銀河系と宇宙

❶ 銀河系

多数の恒星と星間物質からなる大集団を銀河といい，**太陽を含む銀河**を銀河系といいます。銀河系は約 2000 億個の恒星，水素などのガスや塵などの星間物質からなり，太陽もそのうちの 1 つの恒星です。

> ボクたちがすごく大きいと思っている太陽ですら，銀河系の 2000 億個の恒星のうちの 1 つなんですね。宇宙の広さは果てしない……。

そうですね。そして，その銀河系ですら，無数にある銀河のうちの 1 つです。宇宙の広さは途方もないんですよ。

❷ 銀河系の構造

図 18−1 のように，銀河系は，バルジ，円盤部，ハローの 3 つの構造からなります。

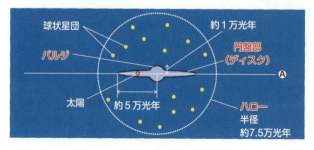

図 18−1

⑴ バルジ：**銀河系中心部の膨らんでいる部分**で，恒星が集中している半径約 1 万光年の球状の領域です。

"光年"って何でしたっけ？

　光年とは距離の単位で，"光の速さで1年進んだ距離"ということです。光の速さは，秒速 3.0×10^5 km，1年間を365日とすると3153万6000秒なので，かけ算すると1光年は約9兆5000億 km です。

1万光年ってことは，その1万倍！
もうよくわからない大きさですね。

　そうですね。すごい大きさの話をしています。では，銀河系の構造の話を続けますよ。

(2) **円盤部**（ディスク）：**バルジから伸びた半径約5万光年の円盤状の領域**を，円盤部といいます。銀河系内の大部分の恒星が分布し，**若い星の集まりである散開星団や，多くの星間物質が存在**します。**太陽も円盤部に位置**し，中心部から約2万8千光年の距離にあるんですよ。**天の川**は，地球から円盤部を眺めたものなんです。円盤部を真上から見ると，銀河系は渦巻状の構造をしています（**図18−2**）。

バルジ

太陽

図18−1の**Ⓐ**面を
真上から見た図

図18−2

天の川って，七夕のころに雲の帯のように
見えるんですよね？

天の川(**図18-3**)の雲のような帯を天体望遠鏡などで観察すると，**無数の星の集まり**であることがわかります。これを初めて発見したのは，イタリアのガリレオ・ガリレイなんですよ。

株式会社データクラフト　　**図18-3**

　太陽系が円盤部の中にあるので，天の川は，1年中見ることができます(ただし，人工の光があると天の川の弱い光は見えないので，日本では肉眼で見られる場所は少なくなっています)。夏の天の川が有名なのは，地球は夏にバルジの方向を向くからなんです。バルジ方向には多くの恒星が存在することから，夏の天の川は太く明るく見えるんですよ。逆に，冬にはバルジの反対方向を向くため，見える星が少なくなります。だから，冬の天の川は細くて暗いんですよ。

(3)　**ハロー**：円盤部を半径約7.5万光年の球状に取り巻く領域を，ハローといいます。ここには，**老齢な星の集団である球状星団がまばらに存在**しています。

Point!

| 銀河系の構造 |

バルジ：半径約1万光年，恒星や星間物質の密度が濃い
円盤部：半径約5万光年，太陽を含む若い恒星が多い
ハロー：半径約7.5万光年，老齢な恒星がまばらに存在

❸ 銀河の分布

(1)　銀河：数十億〜約1兆個の恒星や星間物質などからなる，銀河系と同等の天体を銀河といいます。

(2)　局部銀河群：**数十個の銀河がつくるグループ**を銀河群といい，**われわれの住む太陽系のある，銀河系を含む銀河群**を局部銀河群といいます。

　　銀河系は，約20万光年の距離に，大マゼラン雲と小マゼラン雲という2つの小型の銀河をともなっています。さらに約230万光年の距離には，銀河系より大型の銀河であるアンドロメダ銀河があるんですよ。この**アンドロメダ銀河を中心とした直径約600万光年の領域に，40個以上の銀河があります。** このグループが局部銀河群です。

えっ？　太陽がある銀河系は，局部銀河群の中心ですらないんですか？

　　私たちの地球は太陽系に，太陽系は銀河系に所属しています。その銀河系も，アンドロメダ銀河を中心とした40個以上の銀河の集団である局部銀河群の一員です。宇宙レベルで見ると，銀河系ですら主役ではなく小さい存在なんですよ。

　　私たちの住んでいる局部銀河群よりも，さらに大きな銀河の集団もあります。数百〜数千もの銀河が集まったものを銀河団といいます。わたしたちの局部銀河群の近くには，おとめ座銀河団が存在しています。銀河群や銀河団が集まって，数億光年もの大きさをもつ，超銀河団というものもあるんですよ。

(3)　宇宙の大規模構造

　　宇宙全体を眺めてみた姿を，宇宙の大規模構造といいます。 次ページの図18−4のように，宇宙には銀河は一様に分布していません。**銀河が多く分布している領域と，ほとんど銀河がない領域（ボイド）とが**あります。この分布は，シャボンの泡のように見えることから，泡構造とよばれているんですよ。その一方で，銀河が密につながって壁のように見える領域もあります。これをグレートウォールといいます。

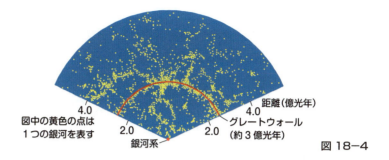

図中の黄色の点は
1つの銀河を表す

4.0 | 距離(億光年)
4.0 | グレートウォール
2.0 | 2.0 (約3億光年)
銀河系

図 18−4

4 膨張する宇宙

ごく近い銀河をのぞいて，**ほぼすべての銀河は，わたしたちの住んでいる銀河系から遠ざかっています。**このことは，1929 年にアメリカの**ハッブル**によって発見されました。この発見から，**宇宙は膨張している**のではないかと考えられるようになりました。現在では，宇宙は 138 億年前には，**ビッグバン**とよばれる火の玉のような状態で，それから膨張を続けてきたと考えられています。

> ほかの銀河が遠ざかっていると，
> 何で宇宙が膨張することになるんですか？

図 18−5 のように風船の表面に点 a，b，c をかき，風船を膨らませてみましょう。点 a から見ると点 b，c どちらも遠ざかっていきますよね。風船を宇宙空間，点 a を銀河系，点 b，c をほかの銀河とすれば，宇宙が膨張していると銀河どうしが離れていくことがイメージできると思います。また，この膨張を過去にさかのぼると，ある時点で小さく収縮してしまうことも想像できますね。つまり宇宙は，ある時点(約 138 億年前)から膨張を開始したことになります。これがビッグバンなんですよ。

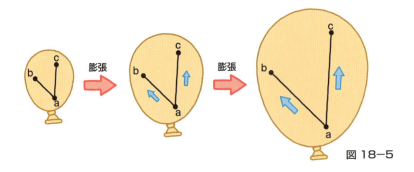

図18-5

❺ 宇宙の誕生

(1)　ビッグバン

　今から約 138 億年前，宇宙は小さな領域で超高温・高密度の状態でした。この火の玉のような状態を**ビッグバン**といいます。宇宙はこの状態から急膨張をはじめ，それとともに温度が低下していきました。

(2)　物質の起源

　宇宙誕生から 10 万分の 1 秒というわずかな時間で**電子**，そして**陽子**（**水素原子核**）や**中性子**ができました。これらは物質を構成する粒子です。さらに数分のうちに，陽子と中性子から**ヘリウム原子核**ができました。こうして，**誕生したばかりの宇宙は，大多数の水素原子核と少量のヘリウム原子核で占められた**んですよ。

(3)　宇宙の晴れ上がり

　宇宙誕生から約 38 万年後，温度が約 3000 K まで低下し，**水素原子核，ヘリウム原子核に電子が結合して水素原子やヘリウム原子ができる**ようになりました。それまでは宇宙に電子が満ちていたので，光が電子にぶつかってしまって直進できず，いわば霧がかかったような状態になっていました。ここで**光をさえぎる電子がなくなり，宇宙全体を見通せるよう**になったんですね。これを**宇宙の晴れ上がり**といいます。

電子とか原子核とかいろいろ出てきて，
よくわかりません。

　図18-6のように，ビッグバンのあと，宇宙空間にできた陽子や中性子が集まって，原子核ができました。**陽子が1個の状態のものが水素原子核で，陽子が2個，中性子が2個組み合わさったものがヘリウム原子核**なんですよ。その原子核に電子が結合すると，水素原子やヘリウム原子になるんです。

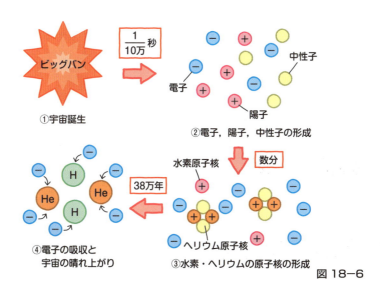

図 18-6

(4)　星の誕生

　宇宙は膨張を続け，**ビッグバンから1〜3億年後に最初の星が誕生**しました。その後，銀河がつくられ，宇宙の大規模構造が形成されていったんですよ。

ジオ君は，宇宙の膨張について以下の手順で実験を行った。

1. 銀河 **X**～**Z** を図 1 のように紙に描いた。これを用紙 A とする。用紙 A は現在の宇宙を表すものとする。

2. 用紙 A をコピー機で縦横の長さが 2 倍になるように拡大した。これを用紙 B とする。用紙 B は 100 年後の宇宙を表すものとする。

この実験について述べた次の文 a・b の正誤の組合せとして最も適当なものを，次の①～④のうちから一つ選べ。

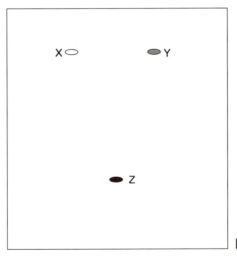

図 1

a 銀河 **X** から銀河 **Y** を観察したときの遠ざかる速度は，銀河 **Y** から銀河 **X** を観察したときの遠ざかる速度の 2 倍である。

b 銀河 **X** から銀河 **Y** を観察したときの遠ざかる速度は，銀河 **X** から銀河 **Z** を観察したときの遠ざかる速度よりも小さい。

	a	b
①	正	正
②	正	誤
③	誤	正
④	誤	誤

解答 ③

解説

速度は，距離÷時間で求めることができる。遠ざかる速度は，

(用紙Bの銀河間の距離－用紙Aの銀河間の距離)÷100年

で求めることができる。下の図は，用紙Aと用紙Bの銀河**X**が一致するように重ねたもので，用紙Bの銀河**Y**を銀河**Y′**，銀河**Z**を**Z′**にしている。

a 用紙Aの**XY**間の距離をPとすると，用紙Bの**XY′**間の距離は$2P$である。

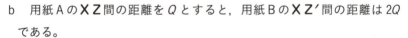

銀河**X**から銀河**Y**を観察したときの遠ざかる速度は，

$$(2P-P) \div 100 = \frac{P}{100}$$

銀河**Y**から銀河**X**を観察したときの遠ざかる速度も，

$$(2P-P) \div 100 = \frac{P}{100}$$

よって，遠ざかる速度は同じであるため，誤りである。

b 用紙Aの**XZ**間の距離をQとすると，用紙Bの**XZ′**間の距離は$2Q$である。

銀河**X**から銀河**Z**を観察したときの遠ざかる速度は，

$$(2Q-Q) \div 100 = \frac{Q}{100}$$

ここで，$P<Q$であるため，銀河**X**から銀河**Z**を観察したときの遠ざかる速度$\frac{Q}{100}$よりも，銀河**X**から銀河**Y**を観察したときの遠ざかる速度$\frac{P}{100}$のほうが小さい。よって，正しい。

Chapter 5
地球の環境 ～環境の変化や災害はどうして起こるの？～

　Chapter 5 では，人間生活が自然環境に与える影響や日本で起こる自然災害を勉強していきます。

　人間の活動によって，自然環境が変化して災害が発生することがあります。たとえば，都会で起こる身近な災害として，夏に起こる『ヒートアイランド現象』という現象があるのですが，知っていますか？

> ヒート＝熱い，アイランド＝島，なので，夏に都会が
> 熱帯の島のようになる現象ですか？

　そうです。日本では地球温暖化の影響と考えられる現象で，過去 100 年間に平均気温が約 1℃上昇しましたが，東京では約 3℃も上昇しています。

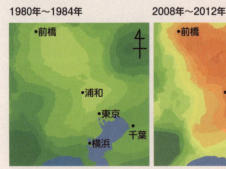
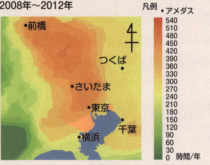

1980年～1984年　　2008年～2012年　　凡例 •アメダス

540 510 480 450 420 390 360 330 300 270 240 210 180 150 120 90 60 30 0　時間/年

•前橋　　•前橋　つくば　•さいたま　•東京　千葉　•浦和　•東京　千葉　•横浜　•横浜

30℃以上の合計時間数の分布　　環境省ＨＰより（環境省：2012年）

> どうして都会だけ，暑くなるんですか？

　都会では人口が集中していて，エアコンなどによる人工的な排熱が多いんです。また，道路はアスファルト，建物はコンクリートで覆われていますよね。これらは森や土と比べて昼間の熱を蓄積しやすく，水分も保持しにくいことから，都会では周辺部より気温が高くなりやすいんですよ。

ヒートアイランドになると，
どんな災害が起こるんですか？

　高温になると気圧が下がるため（p.210），上昇気流が起こって積乱雲が発生しやすくなるんです。それがときとして，短時間に狭い範囲で大雨を降らせる集中豪雨を引き起こします。都会を覆っているアスファルトやコンクリートは保水性がないため，大量の雨水が行き場を失って洪水となり，局地的に大きな災害になることがあるんですよ。

怖いですね！　どうすればいいんですか？

　自治体などでは，吸水性のあるアスファルトで道路を舗装したり，ビルの屋上に植物を植えたりして，洪水や熱の蓄積を防ぐ取り組みをはじめています。また，気象庁では，狭い範囲での積乱雲の動きや発達を監視するシステムを強化しています。そして，私たち1人ひとりは，過度の排熱を防ぐような努力をしていく必要があるんですよ。

　このように，人間活動が環境変化におよぼす原因や原理を理解し，環境変化が与える地域への影響を知ることによって，防災や減災をする方法などを考えていくことが，このChapterの目的です。

　そのほかにも，地震や火山，気象の災害についても勉強していきますよ。

地震はChapter 1，火山はChapter 2，
気象はChapter 3で勉強しましたね。

　Chapter 5は，『きめる！　共通テスト地学基礎』の集大成です。今まで学んできた内容を思い出しながら，身のまわりで起こる自然現象について，考えていきましょう。

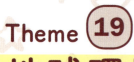

地球環境問題

>> 1. 地球温暖化

❶ 地球温暖化の原因

　図 19−1 は，1981 年〜 2010 年の 30 年間の地球平均気温を基準にして，各年の地球平均気温がどれだけ差があるかを示したものです。各年の気温の推移を見ていくと，120 年間におよそ 0.7℃上昇し，とくに 1975 年以降は上昇の割合が大きくなっているのがわかります。

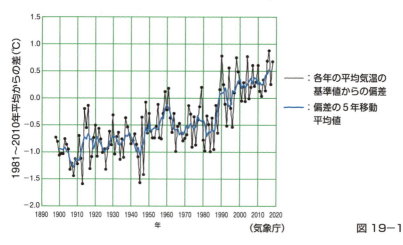

図 19−1

何で近年になって，温度が上昇したんですか？

　それはおもに，温室効果ガスの増加が原因といわれています。温室効果ガスには，二酸化炭素（CO_2），水蒸気（H_2O），そのほかにメタンやフロンがありました（p.200）。そのうち二酸化炭素は，燃料を燃やすと発生することは知っていますね。図 19−2 のように二酸化炭素濃度は，人間による化石燃料（石炭，石油，天然ガス）の消費が増大するとともに増加しているんですよ。

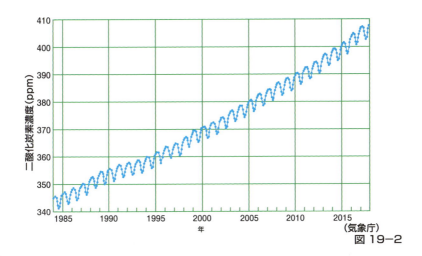

図 19-2

化石燃料って何に使用しているんでしたっけ？

　たとえば，冬の暖房には，ガスストーブや石油ストーブを使用することがありますよね。また，火力発電や自動車や船，飛行機の燃料，金属工業などにも化石燃料はたくさん使われているんですよ。

図 19-2 で，二酸化炭素が増加しているのはわかりますが，何でグラフがガタガタしているんですか？

　これは，季節の変化による陸上の植物活動を反映しているからです。春から秋にかけては，日が長くなるため，植物の光合成が活発になり，二酸化炭素の吸収量が大きくなるので，二酸化炭素濃度が減少します。逆に，秋から冬にかけては，日が短くなり，光合成がおさまるため，二酸化炭素濃度が増加するんですよ。

❷ 地球温暖化の影響

⑴　高緯度地域の氷や雪の減少

　地表にある雪や氷は，太陽放射の反射率が高いです。地球温暖化により，高緯度地域の雪や氷が融けると，太陽放射の反射量が減少するので（p.198），地表が多くの太陽放射を吸収するようになります。すると，気温が上昇して，さらに雪や氷の減少が進みます。

⑵　海水面の上昇

　地球温暖化により気温が上昇すると，それにともなって海水温が上昇します。水は温まると膨張する（体積が増える）ので海水面が上昇します。また，気温が上昇すると氷河の融解によって海水量が増加し，標高の低い沿岸地域が水没したり，土壌が塩分を含んだ海水にひたることで作物が育たなくなる塩害が発生したりします。

氷河が融けると，何で海水量が増加するんですか？

　（海洋からの蒸発量）＝（海洋への降水量＋陸からの流水）が成り立っていると，海水量は変化しません（p.236）。しかし，地球の気温が上昇すると，陸地にある氷河が融けて，陸から海に流れ込む流水の量が増加するから，（海洋からの蒸発量）＜（海洋への降水量＋陸からの流水）になって，海水量が増加するんですよ。

⑶　異常気象の増加

　規模の大きな台風の増加，局地的な豪雨，干ばつ，異常高温など，異常気象が増加し，人間も含めた動植物への影響などが生じています。

❸ 地球温暖化の予測と抑制に向けての取り組み

　IPCC（気候変動に関する政府間パネル）とは，地球温暖化に関する発表済の研究を評価する国際的な組織です。政策立案者に，政策決定のための判断材料を示すはたらきをしています。

練習問題

　ジオ君とボルカさんが地球温暖化について話し合った。以下の会話文中の下線部ア〜ウの中で**誤っているもの**はどれか。最も適当なものを，下の①〜⑥のうちから一つ選べ。

ジオ君：地球温暖化は，ァ二酸化炭素やメタンなどの温室効果ガスの増加によって引き起こされていると聞いたのですが。

ボルカさん：特に二酸化炭素の増加は，ィ石灰岩などの化石燃料の使用や森林の伐採が原因みたいですね。

ジオ君：では，ゥ温室効果ガスの増加はすべて人間活動が関係しているんですね。

①　ア　　②　イ　　③　ウ　　④　ア・イ　　⑤　ア・ウ　　⑥　イ・ウ

解答　⑥

解説

ア　温室効果ガスは，二酸化炭素，メタン，水蒸気などで，地表から放射される赤外線を吸収して大気が暖まり，暖まった大気から地表に向かって赤外線が再放射されることによって，地表付近の温度を高く保つ性質がある（Chapter 3，Theme 11 参照）。

イ　おもな化石燃料は石炭，石油，天然ガスであり，石灰岩（Chapter 2，Theme 6 参照）は化石燃料ではない。石灰岩はセメントの原材物質であり，使用時に大量の二酸化炭素は発生しない。

ウ　人間活動以外に，自然現象で二酸化炭素などの温室効果ガスの濃度が大きくなることがある。たとえば，大規模な火山活動が発生すると大量の火山ガスが放出され，その中に含まれる二酸化炭素などが，地球の温度を上げる原因になる（Chapter 2，Theme 5 参照）。

≫ **2. オゾン層破壊**

① オゾン層破壊の原因

　大気圏のうち**成層圏には**，**オゾンの濃度が高い****オゾン層****が存在し**，**太陽放射である****紫外線を吸収****しています**(p.185)。またオゾン層の形成が生物の陸上進出に重要な役割を果たしました(p.160)。

　図19-3のように，1979年と比較して，2019年は南極上空のオゾン濃度が極めて低い領域(**オゾンホール**)が大きくなっていることがわかります。オゾンホールの大きさは1980年以降，年を追うごとに拡大する傾向にあるんですよ。

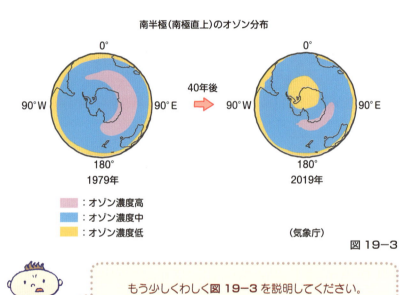

南半極(南極直上)のオゾン分布

40年後

1979年　　　2019年

■ : オゾン濃度高
■ : オゾン濃度中
■ : オゾン濃度低

(気象庁)

図19-3

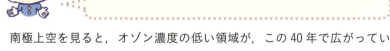

もう少しくわしく**図19-3**を説明してください。

　南極上空を見ると，オゾン濃度の低い領域が，この40年で広がっているのがわかります。気象庁ではオゾン全量が一定以下になっている領域をオゾンホールと定義しています(**図19-3**右の南極上空を中心とした，■■の領域)。

何でオゾン層は破壊されたんですか？

　オゾン層を破壊するおもな物質を**フロン**といい，炭素（C），水素（H），フッ素（F），塩素（Cl）などの化合物で，冷蔵庫やエアコンの冷却剤，スプレー缶の噴射剤，電子機器や精密機械の洗浄剤などに幅広く使われた物質なんです。フロンのなかに含まれている塩素が，**図 19−4** のように悪さをして，オゾンを破壊していったんですよ。

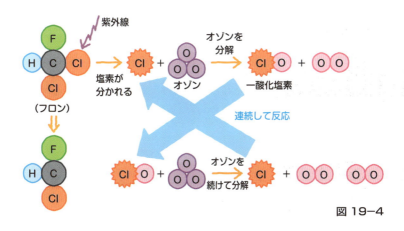

図 19−4

　フロンが紫外線を受けて，塩素（Cl）を放出します。塩素がオゾン（O_3）を分解して酸素分子（O_2）と一酸化塩素（ClO）になります。
　生じた一酸化塩素（ClO）は，オゾン（O_3）を分解して塩素と 2 個の酸素分子（O_2）になります。生じた塩素（Cl）が再びオゾン（O_3）を分解します。こうして塩素（Cl）は長期間，大気に残り続け，連鎖的にオゾンが破壊されていくんですよ。

❷ オゾン層破壊の影響

　地表に届く有害な紫外線量が増加するため，皮膚がんや白内障の発生率が高くなると考えられており，そのほかにも生態系に重大な影響をもたらす恐れがあります。

❸ オゾン層保護の取り組み

　1985 年に『ウィーン条約』，1987 年に『モントリオール議定書』が採択され，これらに基づいて，**すべての国でフロンなどの物質の規制が行われる**ようになりました。

　しかし，**図 19−3** のように 2019 年にもオゾンホールは発生しています。これは，**オゾンを破壊するフロンは，一度放出されるとフロンが分解した塩素が長期間大気中にとどまるため，フロンを全廃してもオゾン層はすぐに回復しない**からなんですよ。将来の予測としては，オゾン層の回復には 50 年以上かかるといわれています。

練習問題

　オゾン層の破壊について述べた文として最も適当なものを，次の①〜④のうちから１つ選べ。

① 　オゾン層が破壊されると，地表に届く紫外線量が増加する。
② 　オゾンを破壊するおもな物質はフロン中の炭素(C)である。
③ 　オゾン濃度が低い領域をブラックホールという。
④ 　フロンは全廃されたため，オゾン層の破壊は停止している。

解答 　①

解説

① 　オゾン層には紫外線を吸収するはたらきがある。よって，正しい。
② 　オゾンを破壊する物質はフロン中の塩素(Cl)である。よって，誤り。
③ 　オゾン濃度が低い領域は，オゾンホールという。よって，誤り。
④ 　フロンを全廃しても大気中はフロンから放出された塩素が長期間残るため，すぐにはオゾン層は回復しない。よって，誤り。

>> 3. いろいろな環境問題

❶ 酸性雨

(1) **酸性雨**の原因：雨水は，大気中の二酸化炭素が溶けこんでいるため，弱酸性(pH 5.6 程度)です。

> では，ふつうの雨は，いつも酸性雨なんですね。

　　早とちりしないでくださいね。**pH 5.6 以下になるような酸性度が高い雨を酸性雨という**んです。その原因は，化石燃料の消費にともない，大気中に放出される**硫黄酸化物**や**窒素酸化物**が雨粒に溶け込むからなんですよ。

(2) 酸性雨の影響：**図 19−5** のような工場や自動車などの使用で発生した硫黄酸化物や窒素酸化物により酸性雨となり，土壌や湖沼が酸性化して，**森林や魚貝類に被害**を与えます。また，**建造物の腐食や溶解**も起こります。

雲の中で酸性に

硫黄酸化物
窒素酸化物

酸性雨

土も酸性だー！

図 19−5

(3) 酸性雨対策：原因物質が上空の風に乗って，国境を越えて運ばれることもあるため，硫黄酸化物や窒素酸化物の排出規制など，国際的な取り組みが必要です。

❷ 森林破壊と砂漠化

　過剰な灌漑や放牧，森林の伐採（図
19-6）によって，砂漠化が進んでいま
す。灌漑とは，農地に人工的に水を供
給することです。

株式会社フォトライブラリー　　**図19-6**

灌漑で水を農地に引き入れるのに，
何で砂漠化するんですか？

　植物を新たに育てるためには，水や肥料が大量に必要になります。した
がって，過度の灌漑によって地下水などが枯渇し，灌漑地以外の場所で乾
燥が進んだり，肥料中や灌漑用に使用された水の中に含まれていた塩類
（p.224）が土壌に残って塩害となり，植物が生育できない土地になるなど
して，砂漠化が進むんですよ。

❸ そのほかの環境問題

(1)　水の汚染：地球上の水の中で淡水は3％以下（p.235）で，そのうち人間
　　が利用しやすい水の量は，湖や河川に限られていて，非常に少ないんで
　　す。それにも関わらず，湖や河川には，人口増加や急激な都市化によっ
　　て，工場や家庭などから排水が流れ込み，魚貝類の減少や飲料水の安全
　　が脅かされています。

(2)　大気の汚染：自動車の増加や工業化による有害物質の排出によって，
　　呼吸器などに障害が発生します。

(3)　都市気候：人口の集中により，都市部の気温が周辺と比べて上昇する
　　ヒートアイランド現象（p.280）が起きています。また，都市化によって洪
　　水が発生しやすくなっています。

どうして都市化をすると，洪水が多くなるんですか？

　都市には植物や土壌が露出している場所が少なく，そのかわりにアスファルトやコンクリートで覆われていますよね。これらは土壌と比べて水を吸収する能力が小さい（保水力が乏しい）んです。ヒートアイランド現象の影響によって低気圧ができやすくなり，大雨が降ることが多くなると，水が行き場を失って洪水になりやすいんですよ。p.281でも説明しましたね。

練習問題

　環境問題について述べた文として最も適当なものを，次の①〜④のうちから1つ選べ。

① 酸性雨は，二酸化炭素の増加がおもな原因である。
② 日本では，酸性雨の原因となる物質の排出規制が整っているため，酸性雨の被害はない。
③ 砂漠化は，水を土地に供給することによって防ぐことができる。
④ ヒートアイランド現象によって，都市では洪水などが起きやすくなる。

解答　④

解説

① 酸性雨の原因は，硫黄酸化物や窒素酸化物である。よって，誤り。
② 酸性雨の原因物質は，風などに乗って広がるため，汚染物質の排出地域以外でも被害が出る可能性がある。よって，誤り。
③ 大量に水を供給すると，水の中に含まれている塩分が析出して，塩害を起こす可能性がある。よって，誤り。
④ ヒートアイランド現象によって，都市部が低圧化して積乱雲などが発達すると，短時間に大雨を降らせ，保水力の乏しい都市では，洪水となることがある。よって，正しい。

Theme 20 日本の天気

>> 日本付近の気団と高気圧

❶ 天気図

(1)　天気図の読みかた

　次の天気図中の線は気圧の等しい点を結んだもので，等圧線といいます。天気図では細線が 4 hPa，太線が 20 hPa ごとに引かれています。
（ヘクトパスカル）

例　東京の天気：くもり，南風，風力 3（矢羽根の数），1008 hPa

図 20−1

(2)　季節の高気圧

　日本の天気に影響を与える高気圧は，季節ごとに異なります。図 20−2 のようにシベリア高気圧，オホーツク海高気圧，太平洋高気圧（小笠原高気圧）の 3 つがあります。

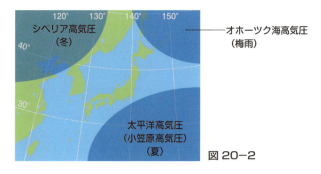

図 20−2

(3)　気団

　　大陸や海洋の上空にある，温度や湿度などの性質が同じである大きな空気のかたまりを気団とよび，表20-1のように，多くの場合は地上の高気圧と対応しています。

表20-1　気団とその特徴

気団名	高気圧名	活動時期	特徴
シベリア気団	シベリア高気圧	おもに冬	低温・乾燥
オホーツク海気団	オホーツク海高気圧	おもに梅雨	低温・湿潤
小笠原気団	太平洋高気圧 (小笠原高気圧)	おもに夏	高温・湿潤

❷ 冬

(1)　気圧配置

　　図20-3のように大陸から**シベリア高気圧**(1060と1056 hPa)が張り出し，北海道の東の海上に低気圧(996や988 hPaなど)が発達します。**日本列島の西に高気圧，東に低気圧が発達する**ことから，このような気圧配置を**西高東低の冬型**とよびます。日本列島上では，等圧線が南北に狭い間隔で並びます。

図20-3

なぜ，大陸に高気圧，太平洋に低気圧ができるんですか？

　　海は陸より暖まりにくく，冷めにくいことは覚えていますか(p.210)？暖かい空気は軽いため，上昇気流を形成し低気圧ができ，逆に，冷たい空気では高気圧ができます。

図20−4のように，冬は陸（シベリア大陸）が冷えて（−30℃以下にもなる）高気圧になり，海（太平洋）は暖かく，その上にある空気の温度が高くなるため，海の上では低気圧ができるんですよ。

(2) 季節風

西高東低の冬型の気圧配置のとき，**高気圧から低気圧に向かって，北西の季節風**（モンスーン）が吹きます（図20−4）。

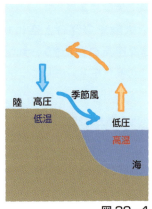

図20−4

季節風って何ですか？

陸と海で暖まりやすさが違うので，大陸と海洋の間で，季節によって気圧配置が変化するんです。**図20−4**は冬の気圧配置による季節風を示していますが，夏の気圧配置は**図20−5**のようになります。夏は陸が強い日射によって暖められて，高温低圧となり，海は暖まりにくいため低温高圧となります。そ

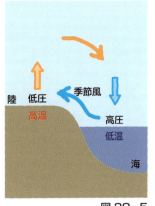

図20−5

うすると，海から陸へと季節風が吹きます。このように，**季節の変化によって異なる向きに吹く風を季節風**というんですよ。

(3) 災害

西高東低の冬型の気圧配置のときは，**日本海側は雪，太平洋側は乾燥した晴天**になります。この原因は**図20−6**に示しています。低温で乾燥したシベリア高気圧からの風が，日本海を流れる暖流から大量の水蒸気と熱の供給を受けると雲ができて，日本海側の山地にぶつかるとき，上昇気流となって積乱雲を発生させて雪を降らせます。そして，山脈を越えて太平洋側に到達するときには，再び乾燥しているんですね。

シベリア高気圧の勢力が強いと日本列島は低温となり，日本海側では大雪による被害が出ます。

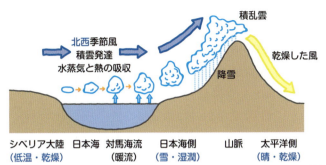

図 20-6

> 暖流から水蒸気の供給ってイメージ
> できないんですが…。

　そうですね。冬の露天風呂をイメージしてみましょう。露天風呂のお湯の上に，冷たい空気の風が吹くと，もくもくと湯気ができますね。冷たい空気の風をシベリア高気圧からの風，お湯を暖流，湯気を雲と考えればわかりやすいですね。

⑷　春一番

　立春(2/4 ごろ)以降，温帯低気圧が日本海を進んで発達したときに吹く強い南寄りの暖かい風を春一番といいます。

> なぜ，日本海に低気圧があると南風が吹くのですか？

　低気圧は反時計回りに風が中心に向かって吹き込みましたね。だから**図20-7**のように低気圧の南側に日本が位置すると，南寄りの風が吹くんですよ。

　全国的に荒れた天気になりやすく，雪の多い地域では，雪崩が発生することもあります。

図 20-7

❸ 春

(1)　気圧配置

　春になると図20−8のように，温帯低気圧（1008と1012hPa）(p.219)と温暖で乾燥した性質をもつ移動性高気圧（1026hPa）が，偏西風(p.217)に乗って日本列島に交互に移動してきます。低気圧では天気が悪くなり，高気圧では天気がよくなるので，天気が3〜5日周期で変化するんですよ。

図20−8

(2)　放射冷却

　地表から赤外線が放射されることによって，地表の温度が下がる現象を放射冷却といいます。日本列島が移動性高気圧に覆われるとき，夜半から明け方にかけて放射冷却によって気温が著しく低下して，農作物に霜害（そうがい）が発生することがあります。

> 移動性高気圧に覆われると，
> なぜ気温が大きく下がるのですか？

　移動性高気圧に覆われると，空気が乾燥するため温室効果ガスである水蒸気が少なくなります。だから地表から放射された赤外線が大気に吸収されず，直接宇宙空間に放射されるため，地表付近の温度が低下するんです（Chapter 3, Theme 11 の温室効果参照）。

　身体を地表，お布団を温室効果ガスにたとえます。お布団をかけずに寝てしまうと，熱が逃げて身体が冷えてしまうのと同じと考えればわかりやすいですね。

(3)　災害

　中国やモンゴルの砂漠から発生する砂塵（さじん）を黄砂（こうさ）とよびます。**黄砂は偏西風によって東に運搬されて，日本でも観測されています。** 近年，観測域や発生数が増加しており，中国で排出された汚染物質が黄砂の粒子に付着して運ばれてくるため，健康に影響が出ることが危惧（きぐ）されているんですよ。

❹ 梅雨

(1)　気圧配置

　梅雨になると**図20−9**のように，日本列島付近に**オホーツク海高気圧**（1014 hPa）と**太平洋高気圧**（1016 hPa）があり，その境界上に**前線が形成され，日本付近に停滞する状態**になります。この停滞前線を**梅雨前線**といい，**長雨が続きま**す。

図20−9

> どうして，2つの高気圧の境目で天気が
> 悪くなるんですか？

　オホーツク海高気圧は低温，太平洋高気圧は高温ですよね。冷たい空気と暖かい空気の境目には前線ができるんです（p.220）。そして梅雨の時期には，冷たい空気と暖かい空気の勢力がつり合うので，発生した前線が動きにくくなります。また，2つの高気圧はどちらも湿潤な空気をもっているため，前線の活動が活発になります。このように，動きにくい前線を停滞前線といい，特に梅雨にできる停滞前線が梅雨前線なのです。

(2)　災害

　前線や前線上に発生した低気圧の影響により，大雨になります。また梅雨の末期には，南から暖かく湿った空気が流れ込みやすくなり，**狭い範囲に1時間に50 mmを超えるような大雨が降ることがあります。**これを**集中豪雨**といい，河川の急激な増水などによる洪水を引き起こすことがあるんですね。

⑤ 夏

(1) 気圧配置

　太平洋高気圧の勢力が強まり，梅雨前線が北へ押し上げられると，梅雨が明けて，夏となります。日本列島は**図20−10**のように**暖かく湿った空気をもつ太平洋高気圧（1014 hPa）に覆われて，蒸し暑い日が続きます**。内陸部では高温となって上昇気流が発生して，積乱雲による夕立が局地的に起こることがあります。

図20−10

⑥ 秋

(1) 気圧配置

　太平洋高気圧の勢力が弱まると，**図20−11**のように大陸からの高気圧（1018 hPa）が南下して，**日本列島付近に停滞前線が現れます**。この前線を**秋雨前線**といい，**長雨が続きます**。また太平洋高気圧の勢力が弱くなると，高気圧の縁に沿うように**台風**（p.221）が日本列島に接近するようになります。

図20−11

(2) 災害

・台風が近づいたとき，日本列島上に秋雨前線があると，暖かく湿った空気が流れ込みやすくなり，集中豪雨が発生することがあります。

・台風が日本列島に接近または上陸すると，**大雨による洪水，海面が上昇することで沿岸部が浸水する高潮，強風による風害**などが発生することがあります。

台風がくるとなんで，海面が上がる高潮が起こるんですか？

　海面には平均して，1013 hPa の気圧がかかっています (p.179)。でも，台風は気圧がそれよりずっと低いため，海面を押す圧力が小さくなるので，海面が盛り上がるんです。さらに，台風による強い風によって，海水が沿岸部に吹き寄せられるので，海面が上がるんですよ。

練習問題

　次の天気図について述べた文として最も適当なものを，次の①〜④のうちから1つ選べ。

① この天気図の気圧配置は，西高東低の冬型である。

② 日本の南東の太平洋上にある高気圧は，高温で湿った空気をもつ。

③ 日本列島上では等圧線の間隔が広いため，強風が吹いている。

④ この天気図から，各地で高潮の被害が起きることが予想される。

解答　②

解説

① 夏の天気図で，南に高気圧，北に低気圧があるので，冬の西高東低の冬型の天気図ではない。よって，誤り。

② 太平洋上にある高気圧は，太平洋高気圧であり，太平洋高気圧の特徴は，高温・湿潤である。よって，正解。

③ 等圧線の間隔が広い場合は風が弱い。よって，誤り。

④ この天気図には台風は存在しないため，高潮は発生しない。よって，誤り。

Theme 21
日本の自然災害

>> 災害と防災

① 火山

(1) 火山の恩恵

　日本には数多くの火山が分布(p.109)し，これらの火山地帯では，観光・保養施設として**温泉**が利用され，**地熱発電**も行われています。

　火山地帯に，何で温泉がわいてきたり，地熱発電ができたりするようになるんですか？

　火山地帯には，地下の浅いところにマグマが存在するため，地下の温度が高くなっています。このため，地下水が高温になって温泉がわき出しやすいんです。また，地下から高温の蒸気や熱水を取り出すことで，地熱発電が行われているんですよ。

株式会社フォトライブラリー

地熱発電　　　　　　　　図21-1

(2) 火山災害

・**火山灰**：火山の噴火によって噴出した粒子が上空の風に流され，**風下に広範囲に降灰**します。この粒子を火山灰といいます。火山灰は微細な粒子のため，人が吸い込めば**呼吸器に障害**を起こし，コンピュータなどの**精密機械に入り込めば，故障の原因**となります。また，**農作物にも大きな被害**が出ます。

株式会社フォトライブラリー

火山灰の噴出　　　　　　図21-2

・**火山ガス**：火山の火口付近では，火山ガスが噴出していることがあり，**有毒ガス（二酸化硫黄，硫化水素，一酸化炭素など）による健康被害**が起こることがあります。

　また，大規模な噴火の場合，**火山灰と火山ガスが成層圏まで達して，世界的な気温低下をもたらす**こともあります。

火山灰が，何で気温低下につながるんですか？

　勢いよく吹き出した火山灰や火山ガスは，成層圏まで上昇して，上空の強い風によって地球全体に広がり，長い間浮遊し続けるんです。それが**太陽光をさえぎって，地表に届く太陽放射を減少させる**ため，地表の気温が下がるんですよ。

・**溶岩流**：大量の溶岩が流出すると，家屋の埋没（まいぼつ）や火災が発生し，溶岩流の流れたあとは溶岩の裸地（らち）となってしまうため，土地の利用ができなくなります。

どういう火山で溶岩流が発生するんですか？

　溶岩流の被害が出やすいのは，粘性（ねんせい）が低く大量のマグマを発生させる玄武岩質マグマの火山です。ハワイ島が有名ですが，日本では過去に，伊豆大島の三原山の噴火で溶岩流が発生しました。

・**火砕流（かさいりゅう）**：高温の火山ガスと火山砕屑物（かざんさいせつぶつ）が混じり合い，高速で山の斜面を流れ下る現象です。**温度が数百℃，速度も時速約百 km に達することもあるため，発生後の避難が難しく，**とても危険です。

図21-3

・**火山泥流**：火山砕屑物に，雪解けなどによって水が加わり，谷や川に
沿って高速で流れ下る現象です。家屋や農地が埋没することもあります。

> **Point!**
>
> | 火山災害 |
>
> 火山灰，火山ガス，溶岩流，火砕流，火山泥流

(3) 観測と防災

・観測：日本には噴火の可能性のある活火山が111個あります。そのうち
3割の火山では，地震計・GPS・傾斜計・望遠カメラなどで**常時，活
動状況を監視し，噴火の予測をしています。**

 地震計やGPSなどで，なぜ噴火が予測できるんですか？

　噴火が起こるとき，マグマが地下深くから岩盤を押し広げながら上昇す
るので，火山性の地震が増加します。また，火山のなかにマグマが侵入す
ることによって，山体自体が膨張して，傾斜などが変化する地殻変動が起
きるんですよ。これを GPS や傾斜計で感知するんです。マグマの上昇に
よる火山ガスの放出量の変化などは，望遠カメラで観測できますね。

・防災：噴火の可能性が高く，被害の出る可能性が高い火山では，**ハザードマップ**が作成されており，地域の住民の防災に役立つ情報を提供しています。

> ハザードマップって最近よく耳にするんですが，
> どういう地図なんですか？

ハザードマップは，自然災害による被害を予測し，被害範囲を地形図に表したものなんです。予測される自然災害の発生場所，被害の範囲および被害の程度，そして避難経路や避難場所などの情報が図示されているんですよ。ハザードマップは**火山以外に気象災害（洪水，高潮など），土砂災害，地震災害（津波など）の危険度を予測したものが各地域で作成されています**から，自分の住んでいる町のハザードマップを確認してみましょう。

以下の**図21－4**は，富士山のハザードマップです。

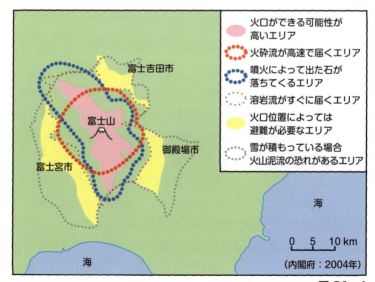

図21－4

富士山は噴火すると，巨大な火口ができて，
広い範囲に大きな被害が出るってこと？

　**この図に示されているすべての範囲が同時に危険だ，というわけで
はないんですよ。**噴火は現在の火口で起こるとは限らず，山腹からの噴
火の可能性もあるため，火口の範囲が広く設定されています。だから，噴
火の可能性があるすべての火口と，噴火の規模をすべて重ね合わせて，火
砕流や溶岩流，噴石などの到達予想の範囲を示しているんですよ。

❷ 地震とその災害

(1)　地震動による災害

・表層の地盤の状態：新しい堆積物が厚く分布する，**やわらかい地盤で
は，地震動が増幅されて震度が大きくなります。**海や川に隣接した低地
や埋立地などでは，地震動による被害が大きくなりますね。

・急斜面を切り開いた土地では，崖崩れ（がけくず）が発生しやすいです。

(2)　液状化

・液状化現象：水を多く含んだ砂の層で，**地震の揺れによって地盤全体
が液体のような状態になる現象**を，<u>液状化現象（えきじょうかげんしょう）</u>といいます。海や川に
隣接した**低地や埋立地などで発生しやすく**，建物が傾いたり，護岸が崩
壊したりします。地上にあった重いものは沈み，地中にあった軽いものは
浮かび上がって地上に飛び出してくるんですよ。

・液状化現象のメカニズム：**図21-5**は，地盤のようすを拡大したモデ
ルです。地震前の地盤は，左の図のように砂の粒子がたがいにゆるやかに
密着し，その隙間を地下水が満たしています。**地震が起こると地面が揺
れて，中央の図のように砂の粒子どうしが離れ，水に浮いた状態にな
ります。**そして，右の図のように，砂の粒子が沈み，水が分離するので，
地面から水が噴出するのです。海岸の波打ち際などで足踏みをすると，地
面がどんどんやわらかくなって，水がしみ出てきます。これも，液状化現
象と同じしくみなんですよ。

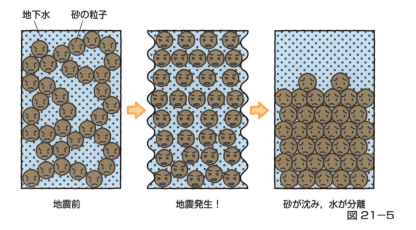

地下水　砂の粒子

地震前　　　　　　地震発生！　　　　　砂が沈み，水が分離

図21−5

⑶　津波による災害

・津波：海底を震源とするマグニチュード（p.88）の大きな地震（おもにプレート境界地震）が発生すると，**断層運動によって海底が隆起，または沈降します。**これによって海水が移動し，大きな波となって押し寄せるものが，津波です。

津波発生の４ステップ

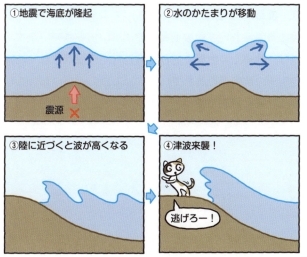

①地震で海底が隆起
震源 ✕

②水のかたまりが移動

③陸に近づくと波が高くなる

④津波来襲！
逃げろー！

図21−6

・津波の被害：リアス海岸など，**湾奥が狭まった海岸では，波高が高くなり，大きな被害が出る**ことが多くなります。

津波から逃れるポイントを教えてください。

　津波は**図21−6**のように，**水深が浅くなると急に波高が大きくなります**。だから海岸や海の近くの低地にいるときは，**速やかに高いところに**，それが難しい場合は，**強固な建造物の最上階に避難する**ように心がけましょう。また，地震の揺れを感じなくても，同じ太平洋で大地震が起きた場合，**津波ははるか遠くからも到達します**。1960年のチリ地震で発生した津波は，地球を半周して，およそ1日後に日本の太平洋岸に達し，多くの死傷者が出てしまいました。

⑷　地震の予測

・プレート境界地震(p.92)：**図21−7**のように，**駿河トラフから南海トラフ**に沿って，**東海地震，東南海地震，南海地震**といったプレート境界地震が発生しています。**これらは100〜200年の周期でくり返し発生しており，震源域が想定されている**んですよ。また，これらの地震が連動して起こる南海トラフ巨大地震の発生も危惧されています。その震源域の海底には，数多くの地震計やひずみ計などが設置され，地震の前兆になるような現象の監視が行われています。しかし，いつ起こるかを予測するのは難しく，日々研究を重ねています。

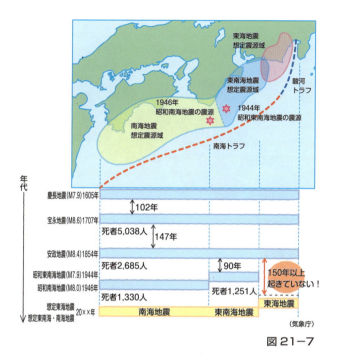

図21-7

・内陸地殻内地震(p.92)：内陸地殻内地震は**活断層**(かつだんそう)が動くことによって発生します。そのため，**プレート境界地震よりも断層の位置が正確に把握**されており，地震発生の際の被害の想定や対策がなされています。しかし，地震発生の周期がプレート境界地震よりずっと長いため，いつ発生するのかを予測することは難しいのが現状です。また，発見されていない活断層も数多く存在していると考えられています。

⑸　地震防災

・プレート境界地震のうち，東海地震・東南海地震・南海地震では，今後30年の発生確率や各地の震度，津波の高さなどが予想されており，これらをもとに防災対策がたてられています。**図21-8**は，南海トラフ巨大地震が発生したときの各地の震度の予想を表しています。

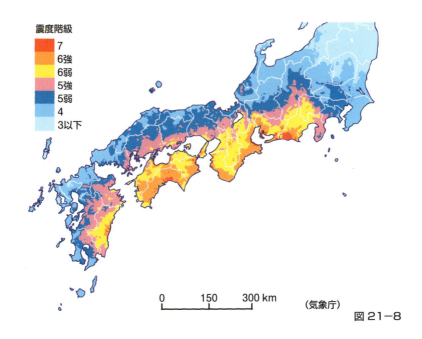

震度階級
7
6強
6弱
5強
5弱
4
3以下

0　　150　　300 km　　（気象庁）

図21−8

・緊急地震速報：**地震の発生直後に，震源に近い地震計でとらえたP波の観測データを解析することによって，震源やマグニチュードが推定**できます。これに基づいて各地での**S波**の到達時刻や震度を予測し，素早く知らせる地震動の予報を，**緊急地震速報**といいます。

緊急地震速報について，
もう少し，具体的に説明してくれませんか？

　地震が発生すると地表には先にP波が到達し，**初期微動**が観測されます。そのあと遅れてS波が到達して，大きな揺れを起こす**主要動**が発生することは覚えていますか(p.70)？　**この主要動が被害を引き起こすので，その到着前に，地震が来ることを警告するシステム**が緊急地震速報なんですよ。

　では，具体的な例で，考えてみましょう。P波の速度を6km/s，S波の速度を4km/sとします。**図21−9**のように震源の深さを36kmとし，震央Oに地震計があるとし，地震計がP波を感知してから5秒後に，震源距離80kmのA町と40kmのB町に緊急地震速報が伝わったとします。A町とB町では緊急地震速報が発令された後，何秒後にS波(主要動)が到達するか順を追って計算してみましょう。

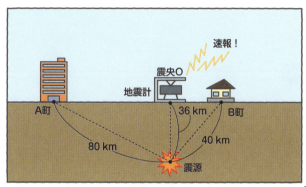

図21−9

① 地震が発生してから，震央Oに36÷6＝6秒後にP波が到達する

② A町とB町には地震発生後，6＋5＝11秒後に緊急地震速報が届く

③ A町にはS波が80÷4＝20秒後に到達する

　　よって，緊急地震速報の発令から，20−11＝9秒後にS波が到達

④ B町にはS波が40÷4＝10秒後に到達する

　　B町ではS波の到達時間(10秒)が緊急地震速報の届く時間(11秒)より短いことから，緊急地震速報は間に合わないことになる

えっ？　緊急地震速報が主要動の到達に間に合わないこともあるんですか？

　はい，そういうこともあります。**緊急地震速報は災害を減らす効果はありますが，震源に近い地域では，S波が先に到着してしまい，間に合わないこともある**ことを覚えておきましょう。

❸ 土砂災害

　日本は山地が多く降水量も多いため，**土砂災害**が発生しやすくなっています。また地震による揺れが原因で，土砂災害が発生することもあります。

(1)　**崖崩れ**：急斜面で，土砂や岩石が一気に崩れ落ちる現象。

(2)　**地すべり**：土砂の移動の速さが遅く，1日に数cm〜数mであるが，広範囲で多量の土砂が流れる。

(3)　**土石流**：岩石や土砂を含んだ水が，谷や川に沿って高速で流れ下る現象。

練習問題

　ジオ君が富士山の噴火に関連したハザードマップを読み取ったときのレポートの一部を次に示す。レポート中の　ア　・　イ　に入れる語句として最も適当なものを，それぞれ次の①〜④のうちから一つずつ選べ。

レポート
　災害の種類：対象の分布が広いことから，富士山の噴火のときの　ア　を表したものである。

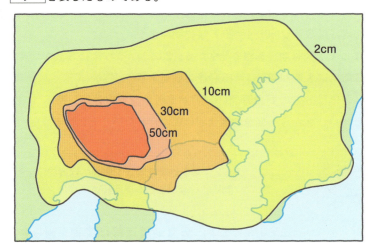

図　富士山のハザードマップ

　分布の原因：分布の範囲が東側に偏っており，このような分布になった原因は，　イ　であると考えられる。

① 火口から放出された火山灰の降下範囲

② 火口から流れ下った火砕流の到達範囲

③ 富士山を含む日本の火山の火口が東西方向に並ぶ影響

④ 日本列島上空を吹く西風の影響

解答　ア ①　　イ ④

解説

ア ：災害の範囲が数十 km に及んでいること，数十 km 先に数 cm の堆積物があることから，火山灰が考えられる。

イ ：火山灰の運搬は風が担っている。火山灰は日本列島の上空を吹く偏西風の影響によって，風下の東側に運搬されて広範囲に堆積する。

地球の歴史

表1　地球史における大きな出来事

数値年代	地質時代		固体地球史	気象・海洋史	生命史
46 億年前		冥王代	地球誕生		
40 億年前	先カンブリア時代		最古の岩石	海洋の出現	
		太古代（始生代）			最古の化石（原核生物）（35 億年前）
25 億年前		原生代		縞状鉄鉱層（20 億年前）（大気や海洋が酸素を含み始める）	真核生物の出現
					多細胞生物の出現
				全球凍結	硬い殻のある生物の出現
5.4 億年前	古生代	カンブリア紀			魚類の出現
		オルドビス紀			
		シルル紀		オゾン層の完成	陸上植物の出現
		デボン紀			両生類の出現
		石炭紀			は虫類の出現
		ペルム紀	パンゲアの形成		史上最大の絶滅
2.5 億年前	中生代	三畳紀（トリアス紀）	パンゲアの分裂（海洋底の最古の岩石）		恐竜の出現
					哺乳類の出現
		ジュラ紀			鳥類の出現
		白亜紀			
6600 万年前	新生代	古第三紀			大量絶滅
		新第三紀			人類の出現
260 万年前		第四紀		氷期・間氷期のくり返し	
1 万年前					

表2　生物の繁栄と示準化石

地質時代		生物の繁栄		重要な動物群	示準化石
		動物	植物		
先カンブリア時代		海生無殻（むかく）無脊椎（むせきつい）動物	藍藻類・菌類	エディアカラ生物群	
古生代	カンブリア紀	海生有殻（ゆうかく）無脊椎動物		バージェス動物群	
	オルドビス紀				三葉虫（さんようちゅう）
	シルル紀				クサリサンゴ
	デボン紀	魚類	シダ植物		
	石炭紀	両生類			ロボク・リンボク・フウインボク
	ペルム紀		裸子植物		紡錘虫（ぼうすいちゅう）（フズリナ）
中生代	三畳紀（トリアス紀）	は虫類		アンモナイト・トリゴニア	モノチス
	ジュラ紀				イノセラムス
	白亜紀（はくあ）				
新生代	古第三紀	哺乳類・鳥類	被子植物		カヘイ石（ヌンムリテス）
	新第三紀				ビカリア・デスモスチルス
	第四紀				マンモス

Index　さくいん

[著者]

田島 一成 Kazunari Tajima

地学大好きな、河合塾地学科講師。目で見て肌で感じたことを、わかりやすい
言葉で受験生に伝えている。また、センター試験模試の作成にも長年携わる受
験地学のエキスパートでもある。大学でも教鞭をとり地学を教えている。地球
を楽しむ「地楽」をモットーに野山を日々駆け回っている。

きめる！ 共通テスト地学基礎

カバーデザイン	野条友史（BALCOLONY.）
本文デザイン	石松あや（しまりすデザインセンター），石川愛子
巻頭特集デザイン	宮嶋章文
巻頭特集イラスト(p.15)	中村友香里
図版作成	田島一成，有限会社 熊アート
キャラクターイラスト	河原健人
標 本 提 供	株式会社 東京サイエンス
写 真 提 供	株式会社 データクラフト，株式会社 フォトライブラリー，ピクスタ株式会社，神奈川県立生命の星・地球博物館，群馬大学教育学部　早川由紀夫研究室，国立天文台，成相俊之
編　　　集	竹本和生
編 集 協 力	秋下幸恵，権代慧子，佐藤玲子，樋口亨，持田洋美，湯本万里子，渡辺泰葉株式会社 シナップス
データ作成	株式会社 四国写研
印 刷 所	株式会社 廣済堂

読者アンケートご協力のお願い
※アンケートは予告なく終了する場合がございます。

この度は弊社商品をお買い上げいただき、誠にありがとうございます。本書に
関するアンケートにご協力ください。右のQRコードから、アンケートフォー
ムにアクセスすることができます。ご協力いただいた方のなかから抽選でギフ
ト券（500円分）をプレゼントさせていただきます。

アンケート番号：　　305107

BG

Gakken

きめる! KIMERU SERIES

［別冊］

地学基礎 Basic Geoscience

要点集

この別冊は取り外せます。矢印の方向にゆっくり引っぱってください。➡

Chapter **1** 固体地球

Theme ①
地球の形と大きさ

>> 1. 地球の形

◇ **アリストテレス** (紀元前 330 年頃の古代ギリシア)
　──**地球が球形であることを唱えた古代の人物**
◇ アリストテレスが「地球は丸い」と推定した方法
　① 船から見た景色の変化
　　陸地まで遠いとき ──→ 山頂部分だけが見える
　　陸地に近づくとき ──→ 山全体が見えるようになる
　② 星の高度の変化
　　いろいろな地点で，同じ時刻に同じ星を観察すると，高度が異なる。
　③ 月食のときの地球の影の形
　　月に映った地球の影は円形になる。
　　月食：地球の影に月が入ったとき，月が欠けて見える現象
　　太陽─地球─月と一直線上に並ぶ ⇒ 月食が起こる

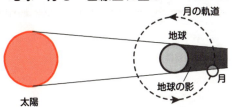

天体の特徴

ココに注目！

・『**地球**』：太陽のまわりを1年で回っている**惑星**(恒星のまわりを回る天体を惑星という)。
・『**月**』：地球のまわりを回っている**衛星**(惑星のまわりを回る天体を衛星という)。
・『**太陽**』：自らの光で輝いている天体(このような天体を**恒星**_{こうせい}という)。

2

>> 2. 地球の大きさ

◇ **エラトステネス**（紀元前230年頃のギリシア）
　── 地球の大きさを初めて測った人物
◇ エラトステネスが地球の周囲の長さを測定した方法
　① シエネ（現在のアスワン）で，夏至の日の正午に，深井戸の底まで太陽の光が届く
　　ことを知った。
　② アレキサンドリア（シエネの北）で，夏至の日の正午に，地面に立てた棒を使って
　　太陽の南中高度を測定。
　　[結果] アレキサンドリアでの南中高度は82.8°
　　　　　（頭の真上の方向から南に7.2°傾いていた）
　③ シエネとアレキサンドリアの夏至の日の太陽の南中高度の差7.2°は，2地点がつ
　　くる円弧に対する中心角7.2°を表す。

2地点がつくる円弧に対する地球の中心角＝2地点の緯度の差

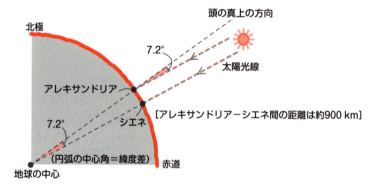

　④ アレキサンドリアとシエネの間の距離を測定。
　　[結果] 約900 km
　　[計算] 地球1周の長さ＝x[km]
　　　　　7.2：900＝360：x より
　　　　　　　x＝45000[km]
　　（誤差の理由）シエネとアレキサンドリアの距離が不正確。

　　実際の**地球1周の長さ＝約40000 km**
　　　　　　地球の半径＝約6400 km

>> 3. 地球楕円体

❶ 地球の子午線と緯度

子午線(経線)：赤道に直交し，北極と南極を通る大円
緯度：ある地点と赤道面のなす角度(緯線：同じ緯度を結んだ線)

❷ 地球の形と緯度

◇ **ニュートン**(17〜18世紀のイギリス人)
—— 地球の形を赤道方向に膨らんだ回転楕円体と予想した人物

地球は，赤道方向に膨らんだ**回転楕円体**となっている。
地球が完全な球ではないとき，
　　緯度＝**鉛直線**(水平面に対する垂線)と赤道面のなす角

❸ 緯度の差と子午線の長さの関係

緯度差 $x°$ あたりの子午線の長さは，**赤道付近(低緯度)＜極付近(高緯度)**

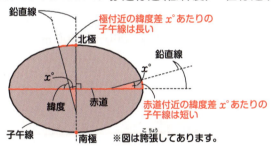

❹ 子午線の長さの実測

3地点での緯度差 1° あたりの子午線の長さを測った。

⇩

「地球の形が赤道方向に膨らんだ回転楕円体である」ことが証明された。

❺ 地球楕円体

地球楕円体：地球の形と大きさに最も近い回転楕円体
偏平率：回転楕円体のつぶれ度合い

$$f = \frac{a-b}{a}$$　　a：赤道半径　b：極半径　f：偏平率

Point!

| 地球楕円体 |

・緯度差 1° あたりの子午線の長さ：低緯度＜高緯度
・**地球楕円体**：極半径＜赤道半径で，偏平率は約 $\frac{1}{298}$

>> 4. 地球の表面

❶ 地球表面のようす

海洋：約 70 %　　陸地：約 30 %

最も標高が高い：ヒマラヤ山脈 ┐

最も水深が深い：マリアナ海溝（かいこう）┘── 最大高低差＝約 20 km

> **海底の地形**
> ・大陸棚（たいりくだな）：陸地に接して，平均水深が約 140 m の平坦な海底。
> ・海洋底：深海における平坦な海底で，平均水深は 4000 m 以上。
> ・大陸斜面：大陸棚から水深 4000 m くらいまで続く斜面。
> ・海溝：水深 6000 m 以上の細長い谷状の地形。

❷ 陸地の高さと水深の分布

広い面積を占める 2 つの高度帯：**海面からの高さ 0 ～ 1000 m，**
水深 4000 ～ 5000 m

Theme ② 地球の内部構造

>> 1. 地球内部の層構造

❶ 層構造

・地殻（ちかく）：厚さ数～数十 km

・マントル：地殻の下～ 2900 km まで

・核（外核・内核）（かく　がいかく　ないかく）：マントルの下～地球
の中心まで

❷ 構成物質と化学組成

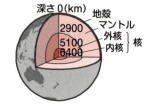

深さ 0(km) 地殻
2900 マントル
5100 外核 ┐核
6400 内核 ┘

地殻・マントル → 岩石　元素の組成：おもに O と Si

核 → 金属：おもに Fe

- -

>> 2. 地殻

⑴　大陸地殻と構成物質

2 層構造(厚さ約 30 ～ 60 km)…(上部)花こう岩質岩石　(下部)玄武岩質岩石（げんぶがん）

(2)　海洋地殻と構成物質

　　1層構造（厚さ約5～10 km）…おもに玄武岩質岩石

(3)　**モホロビチッチ不連続面（モホ面）**：地殻とマントルの境界

　　（モホ面より上）地殻

　　（モホ面より下）マントル

　　（モホ面までの深さ）海洋＜大陸

(4)　地殻の化学組成：O＞Si＞Al の順

- -

>> 3. マントル

(1)　マントルの範囲

　　モホロビチッチ不連続面から深さ2900 km の範囲…地球の全体積の約80％

(2)　構成物質（マントル：固体）

　　上部マントル…かんらん岩質岩石

　　下部マントル…高圧で安定な，ほかの種類の岩石

(3)　岩石の密度

　　密度＝岩石の質量÷岩石の体積

　　地下深くにある物質ほど，密度は大きい。

- -

>> 4. 核

(1)　核の範囲：深さ2900 km から地球の中心まで（核の半径＝3500 km）

(2)　核の構成物質と元素組成

　　金属（最多 **Fe**，次いで **Ni**）で構成。

(3)　核の構造：**外核**（液体）と **内核**（固体）

Point!

地球の構成と密度

・地殻の化学組成

　O　Si　Al　Fe　Ca　Mg　Na　K（押しあって刈る真ん中）

・密度

　花こう岩質岩石　＜玄武岩質岩石＜かんらん岩質岩石＜　鉄

　（大陸地殻上部）（大陸地殻下部／海洋地殻）　（マントル）　　（核）

Theme ③ プレートの運動

>> 1. プレートテクトニクス

（地学現象をプレートの動きから説明する考え方）

❶ プレート

地球の表面：十数枚の硬い岩盤（がんばん）であるプレートで覆われている。

❷ ３つのプレート境界

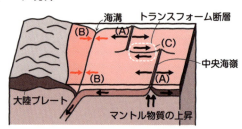

(1) 離れる境界(A)：**プレートが拡大する境界**（プレートの生産境界）

海洋 ⇨ 海底に**中央海嶺**（かいれい），大陸 ⇨ **地溝帯**（ちこうたい）（大規模な谷状地形）が形成される。

(2) 近づく境界(B)：**プレートが収束する境界**

① **海洋プレート（密度：大）**と**大陸プレート（密度：小）**が近づく境界

密度の大きいプレートが，密度の小さいプレートの下に沈み込む ⇨ **海溝**（かいこう）

密度の小さいプレートが，密度の大きいプレートの上にのし上がる ⇨ **島弧**（とうこ）

付加体…海溝に積もっている陸からの堆積物（たいせきぶつ）と海洋プレートにのって運搬された堆積物が合わさって，陸側にくっついたもの。

② 大陸プレートと大陸プレートが近づく境界

どちらも沈み込むことができず，上にのし上がる ⇨ **大山脈**

造山帯…島弧や大山脈が形成される地域

(3) すれ違う境界(C)：**プレートがすれ違う境界**

プレートどうしがすれ違う境界が生じる ⇨ **トランスフォーム断層**

代表例：**サンアンドレアス断層**──サンフランシスコ近郊

❸ プレート境界と地震

プレート境界と地震の分布はほぼ一致。

・日本列島付近の大陸プレート

ユーラシアプレート，北アメリカプレート

・日本列島付近の海洋プレート

太平洋プレート，フィリピン海プレート

世界のプレート分布図

> ｜ プレートの境目と地形 ｜
>
> ・**プレートが拡大する境界**：中央海嶺，地溝帯
> ・**プレートが収束する境界**：島弧－海溝系，大山脈
> ・**プレートがすれ違う境界**：トランスフォーム断層

Point!

≫ 2. プレートの動き

① **ホットスポット**：点状に火山活動が起こっている場所(例：**ハワイ島**)
活動している火山と，その付近にある火山島や海山の列が，プレートの動いている方向を示す。
プレートは，年間数 cm の速さで移動している。

② **海底の年代**
中央海嶺に近い ⟶ 海底の年代は新しい
中央海嶺から離れる(海溝に向かって) ⟶ だんだん古くなる

③ **プレートの動きの実測**
人工衛星を利用──**GPS**(全地球測位システム)

≫ 3. マントルの運動

① **地球表層の構造**
プレート＝リソスフェア
　　　＝地殻＋マントル最上部
**リソスフェアの下に，高温でやわらかく
流動しやすいアセノスフェアが存在。**
注意　**マントル ≒ アセノスフェア**
　　　地殻 ≒ プレート

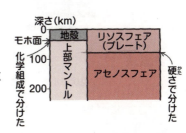

② プルーム

- 上昇流＝**ホットプルーム**

  上昇流が地表に達する場所ではホットスポットを形成。

- 下降流＝**コールドプルーム**

  日本のような島弧―海溝系：プレートが沈み込んだ先に下降流が発生。

ホットプルームとコールドプルームによる**マントル対流**により，プレートの運動が起きている。

Theme ④
地震

>> 1. 地震と断層

① 地震の発生と断層

地震：地下の岩盤が破壊されることによって発生する大地の揺れ

断層：岩盤が破壊されてずれを生じたもの

　震源断層：**地震を発生させた断層**

　地表地震断層：**地震のとき地表に現れた断層**

岩盤が変形して歪みを生じる ⇨ 岩盤の破壊（断層の形成）⇨ **地震波**（放出エネルギー）

② 断層の種類

(1) **正断層**：伸長力 ⇨ **上盤**がずり下がり，**下盤**はずり上がる。

(2) **逆断層**：圧縮力 ⇨ **上盤**がずり上がり，**下盤**はずり下がる。

(3) **横ずれ断層**：水平方向に動く断層

右横ずれ断層　　　　　　　左横ずれ断層

力の向きと，ずれの向きは，約45°になる

③ 余震域

余震：**本震**より規模の小さい地震　　**余震域**：余震の起こった地域

≫ **2. 震源の決定**

❶ 地球内部を伝わる地震波

初期微動を起こす地震波：**P 波**　　　主要動を起こす地震波：**S 波**
初期微動継続時間（**P－S 時間**）＝P 波と S 波の到着時間の差

❷ 震源距離（震源から観測点までの距離）の決定

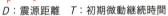

・**震央**：震源の真上の地表の点
・**震源の深さ**：震源と震央の距離
・**震央距離**：震央から観測点までの距離

大森公式　$D = \dfrac{V_p V_s}{V_p - V_s} T = kT$

D：震源距離　　T：初期微動継続時間
V_p：P 波の速度　　V_s：S 波の速度　　k は約 **6～8 km/s**

❸ 震源の決定方法

(1)　震源距離・震央距離・震源の深さの関係

　・**大森公式**から震源距離を求める。
　・**三平方の定理**を使って震源の深さ（または震央距離）を求める。

(2)　観測 3 地点から図示する震源と震央の位置

　・**3 地点から，それぞれの震源距離で半球をかく**
　　⇨ **交点が震源の位置**
　・**地表平面上で 3 つの円をかく**
　　⇨ **重なった部分に引ける 3 本の弦の交点が震央の位置**

≫ **3. 初動と押し引き分布**

❶ **初動**：観測地点にはじめに到着する P 波によって引き起こされる地表の動き

❷ **押し引き分布**：横ずれ断層の場合，押し波と引き波の領域 4 つに分かれる

(1)　押しの波の初動：上への動き
(2)　引きの波の初動：下への動き
(3)　右横ずれ断層の場合：押し引き分布は次の図のようになる。

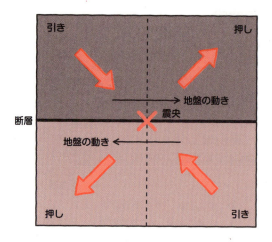

> **Point!**

押し引き分布

- 押し波：震源から遠ざかる方向に送り出される波。初動は上への動き。
- 引き波：震源に近づく方向に送り込まれる波。初動は下への動き。
- 押し引き分布：震源断層の伸びる方向の直線と，それに直交して震央を通る直線で区切られた4つの領域に，押し引きが交互に分布する。
- 4つの領域に区切った2本の線分のうち，どちらかが断層になる。

❸ 初動の向きと震央の方向

- 地震計に記録された3方向(南北，東西，上下)の初動を合成して求める。

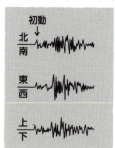

- 水平方向の揺れ：初動が北に揺れながら東にも揺れているので，北東の揺れ
- 垂直方向の揺れ：初動が上なので押しの波
- 地震計のある観測地点から見た震源の方向は，南西である。

>> 4. 地震の大きさ

❶ マグニチュード：地震によって放出されるエネルギーの大きさ（地震の規模）の目安となる数値

> **Point!**
>
> | マグニチュード *M* とエネルギー *E* の関係 |
>
> ・*M* が 2 大きくなるごとに *E* は 1000 倍
> ・*M* が 1 大きくなるごとに *E* は約 32 倍

❷ 震度：揺れの強さの程度
10 段階＝0，1，2，3，4，5弱，5強，6弱，6強，7

- -

>> 5. 日本列島の地震

❶ 日本列島のプレート分布

トラフ：海溝より少し浅い海底のくぼ地

❷ 地震の分布

日本列島の地震の3つのタイプ
・タイプ A：海溝やトラフに沿って分布している震源の深さが浅い地震
・タイプ B：海溝に平行に，少し陸側へ離れたところで起こる，震源の深さが深い地震
・タイプ C：日本列島全体に分布する，震源の深さが浅い地震

❸ ３つの地震のタイプ

⑴ **プレート境界地震（海溝型地震）**：タイプ A

沈み込む海洋プレートに引きずり込まれる

⇨ 反発して元に戻る

⇨ 海洋プレートと陸側のプレートの接触部に沿った破壊

⇨ M8 クラスの巨大地震

⇨ 地震（**津波**が発生しやすい）…2011 年東北地方太平洋沖地震

⑵ **深発地震（海洋プレート内地震）**：タイプ B

⇨ 沈み込む海洋プレートの上面および内部で帯状に起こる，震源が深い地震。

⇨ 震源の深さは 100 km よりも深い。

⇨ 海溝やトラフから離れるほど，震源が深くなる。

⑶ **内陸地殻内地震（大陸プレート内地震）**：タイプ C

陸側のプレート内で岩盤が破壊されて起こる。

活断層のくり返し活動による場合が多い。

直下型地震（都市の直下で発生）…1995 年兵庫県南部地震

Chapter **2**　地球の歴史

Theme ⑤ 火山と火成岩

>> 1. 火山

❶ 火山噴火のメカニズム

(1)　かんらん岩が部分溶融してマグマが発生。
　⇩　（融けやすい成分のみが融ける）

(2)　マントル内で発生したマグマは，地下を上昇。
　⇩　（マグマの密度＜まわりの岩石密度）

(3)　**マグマだまり**を形成。
　⇩　（浅いところ：マグマの密度≒まわりの岩石密度）

(4)　マグマだまりに含まれていたガス成分がマグマから分離して発泡。
　⇩　（マグマ中に泡ができる：マグマの密度＜まわりの岩石密度）

(5)　発泡したマグマがマグマだまりから上昇し，噴火が起こる。
　　（ガスの充満 ⇨ 圧力で上部の岩盤を割る ⇨ 爆発的な噴火）

(3)マグマだまり → 地殻
(2)マグマ上昇 →
(1)部分溶融 → マントル

❷ **火山噴出物**：火山噴火によって地表に運ばれてきた物質

(1)　**溶岩**：地表に流れ出たマグマ

ココに注目！

| マグマと溶岩 |

マグマ＝溶岩ではない！
マグマは地下にある岩石の溶融体で，液体。溶岩はマグマが地表に流れ出たもので，固体でも液体でもよい。

(2)　**火山砕屑物**（火砕物）：噴火の際に飛び散る固体物
　　［分類］粒子の直径の大きさ　**火山岩塊＞火山礫＞火山灰**
　　　　　形状や性質　**火山弾, 軽石**

(3)　**火山ガス**：おもに水蒸気（H_2O），その他の成分に CO_2, SO_2, H_2S など。

❸ 噴火活動の種類

　マグマの粘性（粘り気），温度，化学組成（SiO_2 量），ガスの量 ⇨ 噴火活動の変化

(1) マグマの粘性
- SiO$_2$量が多く，温度が低い ⇨ 粘性が高い（ネバネバしている）
- SiO$_2$量が少なく，温度が高い ⇨ 粘性が低い（サラサラしている）

(2) ガスの量…マグマの粘性が高い ⇨ ガスが抜けにくく，ガスの量が多い

(3) 噴火活動の違い
- マグマの粘性が低い ⇨ 溶岩流を多量に出す穏やかな噴火
- マグマの粘性が高い ⇨ 爆発的な噴火

火砕流（かさいりゅう）：火山砕屑物と高温の火山ガスが一緒になって，山の斜面を高速で流れ下りる現象。

マグマの性質と噴火

		低い（流れやすい）		高い（流れにくい）
マグマ	粘性	低い（流れやすい）	<	高い（流れにくい）
	SiO$_2$量	少ない	<	多い
	温度	高い	>	低い
	ガスの量	少ない	<	多い
噴火活動	噴火の様子	穏やか	←——→	激しい
	溶岩の量	多い	>	少ない
	火山砕屑物	少ない	<	多い
火山の傾斜		緩やかな傾斜	←——→	急傾斜

❹ 火山地形

[分類]
- **盾状火山**（たてじょう）：傾斜の緩やかな大規模な火山。マウナケア山，マウナロア山
- **溶岩台地**：盾状火山がさらに低く，広がった台地。デカン高原
- **成層火山**：火山砕屑物と溶岩流が交互に噴出してできた円錐形（えんすい）の火山。富士山
- **溶岩ドーム**（溶岩円頂丘）（えんちょうきゅう）：溶岩が流れず火口の上にドーム状に盛り上がってできた小規模の火山。昭和新山
- **カルデラ**：マグマだまりに空洞ができて，地表が凹型（おう）に陥没した火山地形。阿蘇山（あそさん）

[別の分類]
- **単成火山**：一回の噴火で活動を終える火山。溶岩ドーム，火山砕屑丘（かざんさいせつきゅう）など
- **複成火山**：休止期間を挟みながら複数回の噴火で形成される火山。盾状火山，溶岩台地や成層火山，カルデラなど

Point!

| マグマの性質と火山の関係 |

火山地形が急傾斜の場合：マグマの粘性が高い，温度が低い，ガス成分が多い，SiO$_2$量が多い

❺ 火山の分布

◇　世界の火山分布…約1500個。中央海嶺，ホットスポット，島弧や大陸縁に集中。ホットスポットを除き，プレート境界とよく一致。

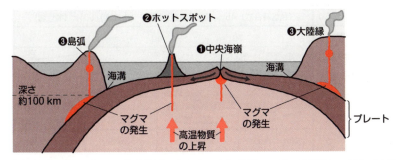

(1)　中央海嶺：プレート拡大境界にあたる。玄武岩質のマグマが噴出し，海水で急冷され固まる（**枕状溶岩**）。北大西洋のアイスランド―大西洋中央海嶺上にできた火山島。

(2)　ホットスポット：マントル深部から高温の物質が上昇する地点。ハワイ諸島

(3)　島弧や大陸縁：プレートの収束境界にあたる。日本列島の火山帯

◇　日本の火山分布…111個。海溝から200〜300 km離れた場所から現れ始める。

火山前線（火山フロント）⇨ **海溝やトラフと平行に分布。海溝と火山前線の間には火山は分布しない。**

- -

≫ **2. 火成岩**

❶ 鉱物(mineral)：**岩石**を構成している1つひとつの粒子。原子が規則正しく並んだ**結晶**からなる。

(1)　**造岩鉱物**：岩石を構成する鉱物

(2)　**ケイ酸塩鉱物**：Si, Oに，ほかの元素が加わった化合物

(3)　**SiO_4 四面体**：1個の Si が4個の O に囲まれた四面体構造が基本骨格

造岩鉱物

・有色鉱物(Fe, Mg を含む)：**かんらん石，輝石，角閃石，黒雲母**

・無色鉱物：**斜長石，カリ長石，石英**

❷ 火成岩：高温のマグマが冷却して固まった岩石

❸ 火成岩の組織（**岩石組織**：岩石中の鉱物の大きさや並び方）

(1)　**等粒状組織**：マグマが地下深くでゆっくり冷却され，鉱物がすべて大きく成長した組織…**深成岩**

(2)　**斑状組織**：マグマが地表付近で急に冷却。**斑晶**(比較的大きく成長した結晶)と**石基**(細粒の結晶やガラス質の部分)からなる組織…**火山岩**

④ 火成岩の化学組成

・SiO_2 の質量％ ⇨ **超塩基性岩，塩基性岩，中性岩，酸性岩**

・**色指数**：火成岩中に占める有色鉱物の体積％

SiO_2 (質量%)	（超塩基性岩）45%　（塩基性岩）52%　（中性岩）66%　（酸性岩）			
色指数	70	40	20	
造岩鉱物 □ 無色鉱物 ■ 有色鉱物	かんらん石	輝石	斜長石　　角閃石 黒雲母	石英 カリ長石
火山岩		玄武岩	安山岩	デイサイト・流紋岩
深成岩	かんらん岩	斑れい岩	閃緑岩	花こう岩

⑤ 火成岩の産状

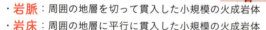

黒字：貫入岩体
赤字：噴出して形成された岩体
（地表）
溶岩
岩脈　岩床　底盤

・**貫入岩体**：マグマが上昇するとき，まわりの地層を押し広げて，入り込んで冷えて固まった形態。

・**底盤（バソリス）**：地下深くに貫入した大規模な深成岩体

・**岩脈**：周囲の地層を切って貫入した小規模の火成岩体

・**岩床**：周囲の地層に平行に貫入した小規模の火成岩体

Theme ⑥
堆積岩と地層の形成

>> 1. 堆積岩の形成

① 風化

(1) **物理的風化**：岩石に力が加わって，岩石が砕かれる現象

・気温の変化…温度変化による鉱物の膨張・収縮のくり返しによる風化

・水の凍結…割れ目が押し広げられて破壊される。

(2) **化学的風化**：岩石を溶解させたり，成分を変化させたりする現象

（例）CO_2 を含む地下水や雨水（＝弱酸性）⇨ 石灰岩（主成分 $CaCO_3$）を溶かす

⇨ 雨水などで溶けてカルスト地形を形成

② 流水の作用

(1) 河川による砕屑物の侵食・運搬・堆積

[分類] **泥**（粒径 $\sim\frac{1}{16}$ mm）＜**砂**（$\frac{1}{16}\sim2$ mm）＜**礫**（2 mm 以上）

・**侵食**：流水が砕屑物を削りとること。止まっている砕屑物が動き出すのも侵食。
・**運搬**：侵食された砕屑物が運ばれること。
・**堆積**：運搬されている砕屑物が止まること。

(2)　河川の流速と砕屑物の粒径の関係

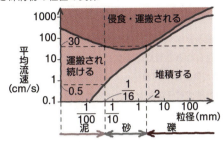

(3)　侵食・運搬・堆積と流速の関係

・**最も侵食されやすい粒子 ⇨ 砂**
・**最も運搬されやすい粒子 ⇨ 軽いので,いったん運搬されると,流速が小さくても運搬され続ける⇨泥**
・**最も堆積されやすい粒子 ⇨ 重いので流速が小さくなると,はじめに堆積する ⇨ 礫**

❸ **地形**

(1)　河川による地形

・**V字谷**（ブイじこく）…河川の流速が大きい上流域。谷底が切れ込んでいる侵食地形
・**扇状地**（せんじょうち）…山地から平野に出るところ。砂や礫からなる堆積地形
・**三角州**（さんかくす）…流れがほんどなくなる河口。砂や泥からなる堆積地形

(2)　地下水による地形

・**カルスト地形**…石灰岩が雨水や地下水に溶けてできた侵食地形
　　　　　地表 ⇨ 陥没（かんぼつ）した凹地　　地下 ⇨ 鍾乳洞（しょうにゅうどう）

❹ **堆積岩**

(1)　**堆積岩**の生成過程
(2)　**続成作用**（ぞくせい）：堆積物が硬い堆積岩に変化する作用
(3)　堆積岩の分類

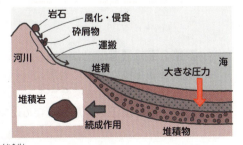

・**砕屑岩**（さいせつがん）…砕屑物からなる。
　　泥岩（でいがん）,砂岩（さがん）,礫岩（れきがん）

・**火山砕屑岩**（火砕岩）
　　…火山砕屑物からなる。
　　凝灰岩（ぎょうかいがん）⇦ 火山灰　　凝灰角礫岩（かくれきがん）⇦ 火山灰と火山岩片

・**生物岩**（いがい）…生物の遺骸からなる。
　　石灰岩（$CaCO_3$, 方解石（ほうかいせき）) ⇦ サンゴ, 有孔虫（ゆうこうちゅう）
　　チャート（SiO_2, 石英（せきえい）) ⇦ 放散虫（ほうさんちゅう）, 珪藻（けいそう）

・**化学岩**…水中に含まれていた物質が沈殿。石灰岩，チャート，**岩塩**(NaCl)

>> 2. 地層の形成

❶ 地層の重なり

(1) **地層**：層状に積み重なった堆積物や堆積岩

(2) **単層**：断面に見られる砂層や泥層などの地層の基本単位

(3) **層理面**：単層と単層の境界面

(4) **葉理**：単層内の構成粒子の並び方によるすじ模様

(5) **地層累重の法則**

古い地層が下位，新しい地層が上位に重なる。地層の逆転がない限り，地層が傾いている場合にも成立。

❷ 整合と不整合

(1) **整合**：地層が連続的に堆積した場合の接しかた

(2) **不整合**：地層が不連続的に堆積した場合の接しかた

　　　　　　（原因）長期間にわたる堆積の中断や侵食

(3) 不整合の種類

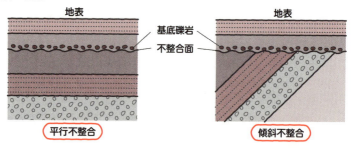

| 平行不整合 | 傾斜不整合 |

Point!

｜ 不整合の特徴 ｜

・不整合面は通常凹凸がある。

・不整合面を境に上下の地層に時代の隔たりがある。

・基底礫岩が存在する場合がある。

・不整合面で上下の地層がななめに接している場合がある。

❸ 堆積構造

(1) **級化層理**：下位から上位に向かって細かい粒になっている構造

　　　　　乱泥流(混濁流) ⇨ 級化層理 ⇨ 海底扇状地の堆積物(**タービダイト**)
(2) **斜交葉理(クロスラミナ)**：地層面と斜交した細かな縞模様(葉理)
(3) **リプルマーク(漣痕)**：層理面が波打っている構造

Theme ⑦
地殻変動と変成岩

≫ 1. 造山運動による地殻変動

❶ 地殻変動
　　地殻に大きな力がはたらく ⇨ 地盤の隆起・沈降 ⇨ 岩石や地層が変形

❷ 地質構造
(1) 断層(Theme 4 を参照)
(2) **褶曲**：岩石や地層が折り曲げられた地質構造
　・**背斜**…山状に盛り上がった部分
　・**向斜**…谷状にくぼんだ部分

- -

≫ 2. 変成岩

❶ **変成作用**：岩石が高い温度や圧力のもとにおかれたとき，固体のまま岩石の組織や鉱物の種類が変化して，もとの岩石と異なった岩石になること。

❷ **広域変成作用**：造山帯の内部で，広範囲(数十〜数百 km)に起こる変成作用。下図の A や B で起こる。

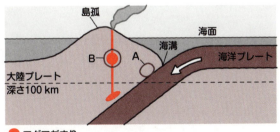

● **マグマだまり**

> 広域変成作用でできる変成岩

(1) **結晶片岩**：鉱物が一方的に並ぶ組織が発達しており，薄くはがれやすい。
(2) **片麻岩**：粒があらく，白黒の鉱物が交互に並んだ縞模様をもつ。

❸ **接触変成作用**：岩石にマグマが貫入した際に，マグマの熱により周囲の岩石が変成する作用。

> 接触変成作用でできる変成岩

(1) **ホルンフェルス**：泥岩や砂岩が接触変成作用を受けて生成した岩石で，硬くて緻密である。

(2) **結晶質石灰岩（大理石）**：石灰岩が接触変成作用を受けて生成した岩石で，粗粒の方解石（組成は炭酸カルシウム）からなる。

≫ 3. 岩石循環

地表の岩石は図のように，火成岩・堆積岩・変成岩と変化しながら地球表層を循環している。

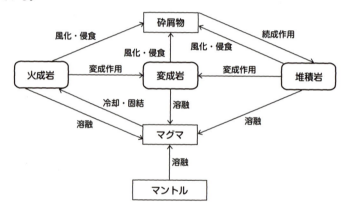

Theme ⑧
地質時代の区分

≫ 1. 地質時代区分

地質時代…地球誕生から現在までの歴史を地層，岩石，化石などの解析から区分したもの。おもに動物の出現・絶滅などによって区分。

❶ **先カンブリア時代と顕生代**
(1) **先カンブリア時代**：46 億年前〜5 億 4 千万年前までの時代
(2) **顕生代**：5 億 4 千万年前〜現在までの時代

❷ **顕生代**
(1) **古生代**：5 億 4 千万年前〜2 億 5 千万年前までの時代。魚類や両生類が繁栄。
(2) **中生代**：2 億 5 千万年前〜6600 万年前までの時代。は虫類が繁栄。
(3) **新生代**：6600 万年前〜現在までの時代。哺乳類が繁栄。

Point!

| 地質時代と数値年代の関係 |

・地球の誕生：46 億年前
・先カンブリア時代−古生代の境界：5 億 4 千万年前
・古生代−中生代の境界：2 億 5 千万年前
・中生代−新生代の境界：6600 万年前

≫ 2. 化石

❶ **示準化石**：地層の堆積した地質時代を決めるのに有効な化石

示準化石を満たす 3 つの条件

・進化の速度が速く，種としての生存期間が短い。
・広範囲に分布。
・産出数が多い。

❷ **示相化石**：古生物が生息していた環境を示す化石
(例) 造礁サンゴ（暖かく浅い澄んだ海），シジミ（河口付近や湖沼）

示相化石を満たす 2 つの条件

・限られた環境に生息。
・生息していた場所で化石になっている。

❸ **生痕化石**：生物の生活していた痕跡が化石になったもの
（例）足跡，這い跡，巣穴，糞

>> 3. 地層の新旧関係

❶ 化石による新旧判定

⑴ 示準化石…〔新しい〕新しい地質時代を示す示準化石が含まれる地層のほう

⑵ 生痕化石…〔古い〕巣穴がのびている方向の地層のほう

❷ 堆積構造による判定

⑴ 級化層理…〔新しい〕単層中の粒径が小さいほう

⑵ 斜交葉理…〔新しい〕切っている葉理のほう

（a）新 ←―――→ 古

基底礫岩　不整合面

❸ 地質構造による判定

⑴ 不整合と基底礫岩…〔新しい〕基底礫岩が存在する側
基底礫岩は不整合面の下の地層が侵食されて形成された。(a)

（b）

不整合面　火山灰層　断層

⑵ 地質構造どうしの関係…〔新しい〕切っているほう
火山灰層 ⇨ 断層 ⇨ 不整合面の順に形成された。(b)

（c）

火成岩（新）　地層（古）

変成岩体
接触変成作用が起こる

⑶ 貫入…〔新しい〕火成岩のほう
貫入したマグマの熱によって，火成岩の周囲の地層が接触変成作用を受けている。(c)

>> 4. 地層の対比

地層の対比：離れた地域の地層が同じ時代の地層かどうかを決めること。

❶ 鍵層（地層の対比に役立つ地層）による対比

⑴ ［鍵層の条件］

・比較的短期間に堆積。

・広範囲に分布。

・ほかの地層と区別がつきやすい。

⑵ 鍵層の例…**火山灰，凝灰岩**

⑶ **柱状図**＝地表から地下に向かって地層の分布を示した図

❷ 示準化石による対比

示準化石は，火山灰が届かないような非常に広い範囲の地層の対比に役立つ。

Theme ⑨
古生物の変遷

>> 1. 先カンブリア時代（46 億年前〜 5.4 億年前）

❶ **冥王代**（46 億年前〜 40 億年前）：地球上に岩石の記録がない時代

⑴　地球の誕生…46 億年前

⑵　大気の形成…原始大気

⑶　**マグマオーシャン**（マグマの海）
微惑星の衝突の熱と，大気による **温室効果** によってできた。

⑷　地球の層構造の形成…マグマオーシャンの中で，重い鉄は底に沈み，軽い岩石成分は浮かび上がる。

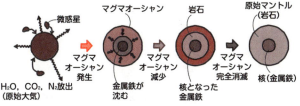

微惑星　　　マグマオーシャン　　　岩石　　　　原始マントル（岩石）

マグマオーシャン発生　　マグマオーシャン減少　　マグマオーシャン完全消滅

H_2O，CO_2，N_2 放出（原始大気）　　金属鉄が沈む　　核となった金属鉄　　核（金属鉄）

⑸　原始海洋の形成…大気中の水蒸気 ⇨ 雨 ⇨ 海洋

⑹　原始大気の変化…水蒸気の減少と二酸化炭素の減少（二酸化炭素は海水中の Ca^{2+} と反応して **石灰岩**（$CaCO_3$）となる）

❷ **太古代（始生代）（40 億年前〜 25 億年前）**：原核生物の誕生

⑴　最古の岩石：約 40 億年前の片麻岩，約 38 億年前の堆積岩と **枕状溶岩**

⑵　最古の化石：約 35 億年前のチャート中の核膜をもたない微生物（原核生物）
最初の生物…**熱水噴出孔** のまわりで誕生した可能性
　　　　　　熱水噴出孔：海嶺付近の海底などで，マグマに暖められた熱水が海底から噴き出しているところ

⑶　光合成生物の出現…藍藻類の **シアノバクテリア** が，層状構造の **ストロマトライト** を作り，**光合成** を始めた。

❸ **原生代（25 億年前〜 5.4 億年前）**：真核生物の出現（約 19 億年前）

⑴　**縞状鉄鉱層** の形成…鉄イオン＋酸素 ⇨ 酸化鉄 ⇨ 海底に堆積

⑵　大気の変化…光合成生物の増加 ⇨ O_2 濃度の増加，CO_2 濃度の減少

⑶　**全球凍結（スノーボールアース）**…約 23 億年前と約 7 億年前，地球は寒冷化して，地表全体が氷に覆われた。
（有力説）なんらかの原因で，温室効果ガスの CO_2 濃度が減少。

⑷　**真核生物** の出現…核膜やミトコンドリアなどの複雑な組織をもつ生物

⑸　**エディアカラ生物群**（約 6 億年前）：南オーストラリアの砂岩
⇨ **硬い組織をもたない大型の多細胞生物群**

>> 2. 古生代（5.4億年前〜2.5億年前）

① カンブリア紀（5億4100万年前〜4億8500万年前）

(1) **カンブリア紀の大爆発**…温暖な気候や海水中の O_2 濃度の増加 ⇨ 多種多様な硬い殻や骨格をもった動物が，爆発的に増加。

(2) **バージェス動物群・澄江動物群**…カナダ西部や中国で発見。

・**三葉虫**：節足動物である昆虫やエビ・カニの祖先

・ピカイア：脊椎動物の祖先か。

(3) カンブリア紀の中頃…**魚類**の誕生

② オルドビス紀（4億8500万年前〜4億4300万年前）

(1) 筆石，**三葉虫**の繁栄

(2) **オゾン層**の形成と原始的なコケ類の上陸…オゾンは生物に有害な，太陽からの紫外線を吸収。

(3) 1回目の**大量絶滅**

③ シルル紀（4億4300万年前〜4億1900万年前）

(1) 陸上：**植物（クックソニア）**の進出

(2) 海中：クサリサンゴ，ウミサソリ，ウミユリ

④ デボン紀（4億1900万年前〜3億5900万年前）

(1) 陸上：**両生類**（アカントステガ，イクチオステガ）の進出

シダ植物の森林の形成…（後期）**裸子植物**の祖先の出現

(2) 海中：魚類の繁栄

(3) 2回目の大量絶滅

⑤ 石炭紀（3億5900万年前〜2億9900万年前）

「石炭紀」←シダ植物の遺骸が分解されずに石炭化

陸上：**シダ植物**（ロボク，リンボク，フウインボク）の大森林が形成

大型の昆虫類の繁栄…光合成のはたらきなどによる O_2 濃度の上昇

は虫類と単弓類（哺乳類につながる動物）の誕生

⑥ ペルム紀（2億9900万年前〜2億5200万年前）

プレート運動 ⇨ 大陸の合体 ⇨ **超大陸パンゲア**

(1) 海中：**紡錘虫（フズリナ）**，サンゴ，二枚貝の繁栄

(2) 陸上：は虫類や単弓類の繁栄

(3) 3回目の大量絶滅…全5回の大量絶滅のうち，**ペルム紀末のものが最大規模**。

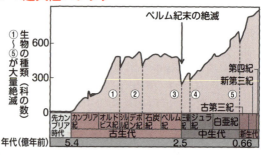

> ## 古生代の示準化石
>
> ・前期：バージェス動物群
> ・中期：クサリサンゴ，ウミサソリ，クックソニア
> ・後期：ロボク，リンボク，フウインボク，紡錘虫（フズリナ）
> ・全般：三葉虫，ウミユリ

- -

≫ 3. 中生代（2.5 億年前～6600 万年前）

❶ 三畳紀（トリアス紀）（2 億 5200 万年前～2 億 100 万年前）

⑴ 超大陸パンゲアの分裂・移動

⑵ 単弓類の繁栄

⑶ **恐竜，哺乳類**の出現…恐竜の繁栄は，哺乳類より低酸素環境に適した肺を持っていたからだという説がある。

⑷ **アンモナイト**，トリゴニア，モノチスの繁栄

⑸ 4 回目の大量絶滅

❷ ジュラ紀（2 億 100 万年前～1 億 4500 万年前）

⑴ 大型は虫類の恐竜，魚竜，翼竜の繁栄

⑵ 裸子植物の繁栄

⑶ **鳥類**の出現…始祖鳥（アーキオプテリックス）：ジュラ紀に現れた，鳥類に近い生物

❸ 白亜紀（1 億 4500 万年前～6600 万年前）

⑴ 大型は虫類の繁栄

⑵ アンモナイト，イノセラムス，トリゴニアの繁栄

⑶ 裸子植物 ⇨ **被子植物**の繁栄

⑷ 5 回目の大量絶滅…恐竜やアンモナイトなどが絶滅←（説）直径約 10 km の巨大隕石の衝突による環境の激変。**ユカタン半島**沖のクレーターの発見。

> ## 中生代の示準化石
>
> アンモナイト，イノセラムス，トリゴニア，モノチス

- -

>> 4. 新生代（6600万年前〜現在）

① 古第三紀（6600万年前〜2300万年前）

⑴　現在の哺乳類の祖先のほとんどが出現。

⑵　**カヘイ石**（ヌンムリテス）の繁栄
貨幣石…硬貨のような形と大きさ。ピラミッドの石材＝カヘイ石を多く含む石灰岩

⑶　被子植物の繁栄

② 新第三紀（2300万年前〜260万年前）

⑴　**ビカリア，デスモスチルス**の繁栄

⑵　**猿人**（サヘラントロプス・チャデンシス）の誕生…約700万年前の最初の人類（初期の猿人）

③ 第四紀（260万年前〜現在）

⑴　**氷期**と**間氷期**をくり返す時代…（氷期）寒冷で，大陸に氷河が発達して海面が低下。
（間氷期）温暖になって，氷河が減少し，海面が上昇。

⑵　**マンモス**の繁栄

⑶　最後の氷期の終わり…約1万年前

④ 人類の進化

⑴　猿人（サヘラントロプス・チャデンシス）⇨ アウストラロピテクス（約400万年前の猿人）の誕生
猿人（人類）＝直立二足歩行が可能

⑵　**原人**：ホモ・ハビリス（第四紀の約200万年前，猿人と原人の中間種）の誕生
⇨ ホモ・エレクトス（原人）はアフリカ大陸を出てユーラシア大陸に分布を拡大。

⑶　**旧人**：ネアンデルタール人（約20万年前〜3万年前）

⑷　**新人**：**ホモ・サピエンス**（約20万年前）…現代人の直接の祖先

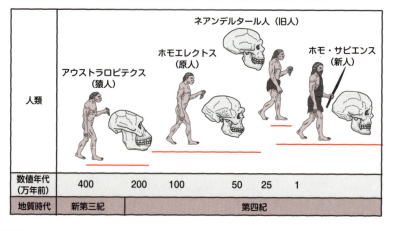

人類	アウストラロピテクス（猿人）	ホモエレクトス（原人）		ネアンデルタール人（旧人）	ホモ・サピエンス（新人）	
数値年代（万年前）	400	200	100	50	25	1
地質時代	新第三紀	第四紀				

Chapter **3** 大気と海洋

Theme ⑩ 大気の構造

≫ 1. 地球の大気と大気圧

❶ 大気の組成

(1) 大気の主成分 $N_2 : O_2 = 4 : 1$ （$N_2 + O_2$ で約99%）

(2) その他の大気の成分 Ar, CO_2

> **Point!**
>
> ┃ 大気中の二酸化炭素 ┃
>
> 地球温暖化の原因物質である二酸化炭素が，大気全体に対して占める体積の割合は，現在0.04%だが，その量が人間活動によって少しずつ増加している。

❷ 大気の圧力

(1) **気圧**：ある場所における上部の大気の，単位面積当たりの重さ

   1気圧＝**1013hPa** （ヘクトパスカル）

   ・地表…(例)空気の入ったボールの内側と外側の気圧がつり合っている。

   ・標高の高いところ…(例)ボールの膨張←気圧が下がる。

(2) **トリチェリー**の実験

   水銀の液面にかかる大気圧＝ガラス管内の水銀の重さ（圧力）

   ⇨ 水槽の液面から約76cmで静止（水銀の密度 $13.6(g/cm^3) \times 76(cm) = 1033.6 \fallingdotseq 1(kg/cm^2)$）

❸ 気圧の高度分布

気圧は，高度5.5km上昇するごとに，およそ半分に低下

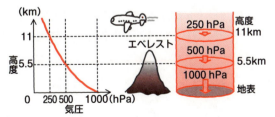

>> 2. 大気圏の構造

大気圏：地球を覆っている大気の層。高度によって，気圧や温度分布が異なる。

① 対流圏

(1) 対流圏の領域：地表～高度約 11 km までの，気温が低下し続ける領域

気温減率＝平均 0.65℃／100 m

圏界面（対流圏界面）：対流圏の上限の，成層圏との境目

太陽の光は，対流圏の空気を暖めることはほとんどなく，おもに地表を暖める。

⇨（地表に近いほど）気温が高い　（上空ほど）気温が低い

(2) 対流圏の特徴

・天気の変化は，おもに対流圏で起こる現象。

・雲や雨の原因となる水蒸気は，対流圏にその大部分が存在。

・**対流**：暖かい空気↑（水蒸気→水滴）冷たい空気↓（水滴の蒸発）⇨ 天気の変化

② 成層圏

(1) 成層圏の領域：高度約 11 km ～ 50 km までの，気温が上昇し続ける領域

(2) 成層圏の特徴

オゾン（O_3）層の存在 ⇨ 太陽からの**紫外線**を吸収 ⇨ バリアの役割

⇨ 発熱（上空ほど気温が高い）

③ 中間圏

(1) 中間圏の領域：約 50 km ～ 80 km の，気温が低下し続ける領域

(2) 中間圏の特徴：（地表～中間圏）大気の化学組成はほぼ一定。

④ 熱圏

(1) 熱圏の領域：高度約 80 km よりも上空の，気温が上昇し続ける領域

(2) 熱圏の特徴：（酸素や窒素分子）太陽からの X 線や紫外線を吸収・分解 ⇨ 発熱

⇨ 大気を暖める

オーロラや流星…宇宙空間や太陽から到来する小さな粒子と，大気の分子や原子とぶつかるときの発光現象

Point!

| 大気の層構造と温度分布の関係 |

対流圏（上空ほど温度低下）→成層圏（上空ほど温度上昇）
→中間圏（上空ほど温度低下）→熱圏（上空ほど温度上昇）

Theme ⑪
地球のエネルギー収支

>> 1. 太陽放射と地球放射

❶ **電磁波**：電気と磁気の振動が伝わっていく波

〔波長〕**X線＜紫外線＜可視光線＜赤外線＜電波**

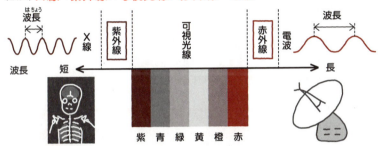

- **可視光線**：人が目で感じることができる領域の電磁波。波長の短い＝紫〜長い＝赤
- **紫外線**：可視光線より波長が短い電磁波。日焼けの原因，殺菌などに利用。
- **赤外線**：可視光線より波長が長い電磁波。温度センサーなどに利用。

❷ **太陽放射**

(1) 電磁波の種類…太陽の放射エネルギーのおよそ半分＝**可視光線**領域の電磁波

(2) 地表に届くまでの太陽放射

- ・紫外線 ⇨ オゾン層で吸収，大気で反射される ⇨ 地表にはほとんど到達しない
- ・赤外線の一部 ⇨ 水蒸気，CO_2 によって吸収
- ・可視光線の一部 ⇨ 大気や雲に反射・吸収 ⇨ 大きく減少せずに地表に到達

❸ **太陽定数**：大気圏のいちばん上の部分で，太陽光線に対して垂直な面 1 m^2 が，1秒間に受け取る太陽放射エネルギー量　　太陽定数＝**約 1370 W/m^2**

(1) 地球が受け取るエネルギー…地球の断面で太陽光線を受け取ったと考えてよい。

$$E = \pi R^2 I$$

E（W）：大気圏のいちばん上で，地球全体が1秒間に受け取る総エネルギー量

R（m）：地球の半径　　I（W/m^2）：太陽定数　　πR^2（m^2）：地球の断面積

(2) 地球上の1点で受ける太陽エネルギー量の平均

$$\pi R^2 I \div 地球の表面積 4\pi R^2 \fallingdotseq 340 （W/m^2）$$

❹ **地球放射**

(1) 地球放射と電磁波の種類…放射されるエネルギーの大半＝**赤外線**領域の電磁波

(2) 大気の影響…赤外線の多くが，大気成分の水蒸気と CO_2 によって吸収される。

>> 2. 地球のエネルギー収支

❶ 地球のエネルギー収支

(1) 地球のエネルギー収支

地球が太陽から受け取る放射エネルギー量と，地球が宇宙空間に放出する放射エネルギー量のつり合い ⇨ **エネルギー収支=0**

(2) エネルギーの出入りの種類

・太陽放射として，おもに可視光線が地球に入射。

・地球放射として，おもに赤外線が放射(赤外放射)。

・ほかのエネルギーの輸送手段として，おもに **潜熱**(水の蒸発・凝結など，状態変化による熱)や伝導・対流

① 水分の蒸発 ⇨ (水→水蒸気)エネルギーの吸収

② (水蒸気→雲，雨)水 ⇨ エネルギーの放出

Point!

| 潜熱 |

水が水蒸気になる（蒸発）とき，熱を吸収してまわりの温度を下げる。
水蒸気が水になる（凝結）とき，熱を放出してまわりの温度を上げる。

(3) エネルギー収支の量的関係

大気圏外・大気・地表でのエネルギーの出入り(±)の合計=0

⇨ 受け取るエネルギーと放出するエネルギーのつり合い

・太陽放射のエネルギー収支

太陽放射(100%)=反射・散乱(約30%)+大気による吸収(約20%)+地表による吸収(約50%)

・大気圏外への地球放射…地球放射の多くは赤外線

地表から(12%)+大気や雲から(58%)

・地表から大気へのその他のエネルギーの移動…潜熱(23%)と伝導・対流(5%)

❷ 温室効果：地表と大気の間で，赤外線による熱の循環が起こる現象

大気中の CO_2 や水蒸気は，可視光線をほとんど吸収しない。地表からの赤外線は吸収。地表に向かって赤外線を再放射。

温室効果ガス(赤外線を吸収する気体)

二酸化炭素，水蒸気，メタン，フロン

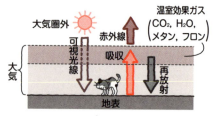

Theme ⑫
地球表層の水と雲の形成

>> 1. 大気中の水

❶ **水の状態変化**：地球表層で，**気体・液体・固体**
　状態変化にともなって出入りする熱＝潜熱

❷ **大気中の水蒸気**

(1) **飽和水蒸気量**〔g/cm³〕：ある温度で 1 m³ の空気中に含むことができる最大の
　水蒸気量〔g〕

　飽和水蒸気圧〔hPa〕：そのときの水蒸気の圧力

　飽和 ⇨ 水蒸気(気体)→水滴(液体)

(2) 飽和水蒸気量と温度の関係…温度が高くなると，飽和水蒸気量は大きくなる。

(3) 湿度と露点

$$湿度〔％〕＝\frac{水蒸気量}{飽和水蒸気量}×100$$

　露点：温度が下がって，水蒸気が飽和した状態になるときの温度

　湿度 100％ になるとき（凝結し始めるとき）の温度が露点である。

❸ **雲のできかた**

① ある空気塊の上昇

**温度の高い空気＝密度が小
さい**

**温度の低い空気＝密度が大
きい**

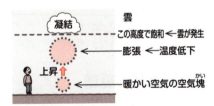

② 断熱膨張(空気が膨張 ⇨ 温度が下
がる)

③ 雲粒の生成(露点まで下がる ⇨ 水蒸気の凝結)

❹ **雲の種類**

雲：**雲粒**(直径 0.003 ～ 0.01 mm の水滴や氷の粒)を多く含む空気

[分類] **十種雲形**…巻層雲, 巻積雲, 巻雲

　　　　　　　　高層雲, 高積雲, **層状に広がる乱層雲**

　　　　　　　　層積雲, 層雲

　　　　　　　　積雲, **上方に伸びる積乱雲**

>> 2. 低気圧と高気圧

ココに注目！

| 低気圧と高気圧 |

周囲より気圧が低いと低気圧，高いと高気圧とよぶ。平均大気圧 1013 hPa を基準に，低いか高いかで決めているわけではない。

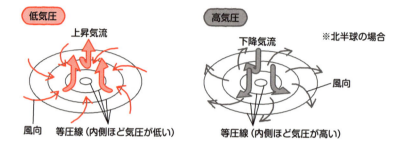

低気圧
上昇気流
風向　等圧線（内側ほど気圧が低い）

高気圧
下降気流　　　※北半球の場合
風向
等圧線（内側ほど気圧が高い）

Theme ⑬
大気の循環

>> 1. 大気の循環

❶ 緯度によるエネルギー収支

大気や海水での大きな循環の発生 ⇨ 低緯度と高緯度地方のエネルギーの過不足の差の解消

❷ 低緯度地域の大気循環

(1) **熱帯収束帯**…上昇気流の発生。赤道付近は降水量が多い。

(2) **亜熱帯高圧帯**…下降気流となって高気圧を形成。砂漠やサバンナが広がる。

(3) **貿易風**…地球の自転の効果によって，北半球ではやや右に，南半球ではやや左にずれた東寄りの風（東から西へ向かって吹く風）

ハドレー循環…熱を南北方向に輸送

赤道付近：上昇気流（低気圧）

⇨ **上空：南北方向に移動。西寄りの風**（西から東へ吹く風）

⇨ **緯度 30°付近：下降気流（高気圧）**

⇨ **下降した空気の一部が赤道付近に戻り**(貿易風), **東寄りの風に。**

注意 風向＝風が**吹いてくる方位** （例）「北風」「北寄りの風」→北から南へ向かって吹く風

❸ 中緯度地域（日本付近）の大気循環

地球の自転の影響で，地表～上空まで西寄りの風が吹いている。

偏西風：亜熱帯高圧帯で，下降した大気の一部が高緯度に向かって流れる西寄りの風

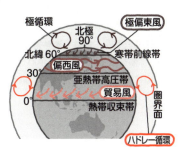

・**ジェット気流**：圏界面付近で，とくに強く吹いている偏西風

・**偏西風の蛇行** ⇨ 熱を南北方向に輸送

・偏西風にのって，高気圧や低気圧が西から東に移動。天気や気温が変化。

❹ 高緯度地域の大気循環

中緯度に向かって東寄りの風(**極偏東風**)が吹き出している。

極偏東風と偏西風がぶつかる領域(**寒帯前線帯**)では，前線ができやすい。

Point!

| 各緯度に吹く風 |

低緯度：貿易風　　中緯度：偏西風　　高緯度：極偏東風

- -

>> 2. 低気圧と前線

❶ 温帯低気圧

中緯度では，(南側)暖かい空気と(北側)冷たい空気 ⇨ 温帯低気圧の発生

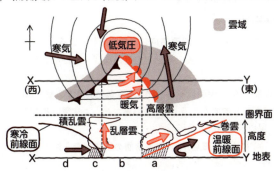

(1) **前線**
　　① **温暖前線**…暖かい空気が冷たい空気より強い場合
　　　　　　乱層雲が発達しやすい。
　　② **寒冷前線**…冷たい空気が暖かい空気より強い場合
　　　　　　積乱雲が発達しやすい。
(2) 温帯低気圧の天気…日本付近では，西から東に移動。

❷ **熱帯低気圧**：熱帯や亜熱帯の海上で，上昇気流が発達してできた低気圧
　台風：熱帯低気圧のうち，中心付近の最大風速が約 17 m/s 以上
　台風のエネルギー源…水蒸気が凝結して水（雲粒）になるとき，潜熱を放出。

Theme ⑭
海水の運動と大気と海洋の相互作用

>> 1. 海水の運動

❶ 海水

(1) 海水中の**塩類**の組成…質量％は，海域による変化はほとんどない。

塩類	化学式	質量％
塩化ナトリウム	$NaCl$	77.9
塩化マグネシウム	$MgCl_2$	9.6
硫酸マグネシウム	$MgSO_4$	6.1
その他	—	6.4

(2) **塩分**：海水中の塩類の濃度
　〔塩分の値〕海水 1 kg 中の塩類の質量〔g〕，または千分率〔‰〕
　　　　　　海域によって異なる。範囲＝33 〜 38　平均＝**35 g〔35‰〕**
　海水が薄まることで塩分が低下しても，塩類組成の比は変化しない。世界中の海水
　がくまなく混じり合っている。

❷ 海水の層構造

海洋は水温の違いによって，鉛直方向に層構造をしている。
(1) **表層混合層**：海洋の浅い部分で温度がほぼ一様になる領域。緯度や季節によ
　り温度が変化。
　（夏）海水が暖まる ⇨ 海面近くにとどまって薄い表層混合層を形成。
　（冬）対流が起こりやすくなる ⇨ 表面の海水と，より深いところの海水が混じり合
　　う ⇨ 厚い表層混合層を形成。
(2) **主水温躍層**（水温躍層）：表層混合層の下で水深が深くなるにつれて水温が低
　下する領域

(3) **深層**：主水温躍層の下で水深にともなう温度の低下が緩やかな領域

水深 2000 m 以深…約 2℃で一定

❸ **海流**…おもに海洋上に吹いている風に引きずられることが原因で生まれる。

(1) **風成海流**…緯度によっ
て大まかに方向が決まって
いる。

貿易風帯：東→西

偏西風帯：西→東

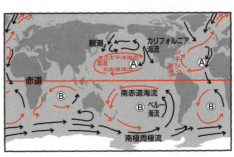

(2) **海水表層循環**…太平
洋などの大海原では，海流
がぐるぐると循環。

太平洋や大西洋，インド洋
で見られる大規模な海流の
循環を**亜熱帯環流**（環
流）という。

北半球：時計回り

南半球：反時計回り

→ 暖流　　　　　Ⓐ時計回りの海水表層循環
→ 寒流　　　　　Ⓑ反時計回りの海水表層循環

❹ **深層の流れ**

深層循環：表層から深層に達する大規模な鉛直方向の海水の流れ←**海水の密度差**

(1) 深層の海水の起源…北大西洋のグリーンランド付近，南極大陸付近で生成。

凍らなかった海水に塩類が集まる ⇨ **低温で塩分が高い** ⇨ **海水の密度は大きくなる**

(2) 深層の海水の大循環（1000〜2000 年）…海底を巡る間にゆっくりと上昇していき，北太平洋中部で表層に戻る。←表層の海水と深層の海水は混じり合いにくい。

>> 2. 大気と海洋の相互作用

❶ **水循環**

(1) 地表の水…海水約 97％，淡水の最多＝**氷河**

Point!

│ **地球の水分布** │

海水＞淡水

淡水では，氷河＞地下水＞湖沼・河川など

---

(2) 水の循環…地球全体に**太陽エネルギー**を輸送

・海洋：蒸発量＞降水量 ⇨ 流れ込む水がなければ，海水は減少。

・陸地：蒸発量＜降水量 ⇨ 流水として海洋へ移動。

・地球全体：蒸発量＝降水量 ⇨ 地球全体ではつり合っている。

❷ エルニーニョ現象：太平洋の東部・赤道直下の海域（南米ペルー沖）で，海水温が数℃上昇する現象 ⇨ 世界的な気候変動　（日本）冷夏・暖冬の傾向

(1) エルニーニョ現象のメカニズム

・通常時…貿易風が強いため，海面付近の暖水が西へ運ばれる。

（西太平洋）海水温が高くなる…**暖水**　（東太平洋）深海から冷水が湧き上がる…**湧昇流**（ゆうしょうりゅう）

・通常の状態…（西太平洋）低気圧があって多雨　（東太平洋）高気圧があって晴天

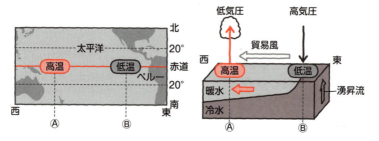

・エルニーニョ現象発生時…貿易風が弱まる ⇨ （西太平洋）気圧の上昇　（東太平洋）気圧の低下 ⇨ （日本）冷夏・暖冬の傾向

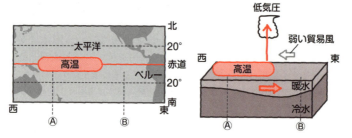

Point!

| エルニーニョ現象 | | |

貿易風	太平洋西部	太平洋東部
弱まる	水温低下 気圧上昇 降水量減少	水温上昇 気圧低下 降水量増加

(2) **ラニーニャ現象**：西太平洋の海水温が平年時より高くなり，東太平洋の冷水の湧き上がりが強くなる現象…貿易風が強くなる ⇨ エルニーニョ現象とは逆で，通常の状態よりも強い気圧傾向 ⇨ （日本）猛暑・厳冬の傾向

Chapter 4 宇宙

Theme ⑮ 太陽系

>> 太陽系の天体

❶ 太陽系の構成天体

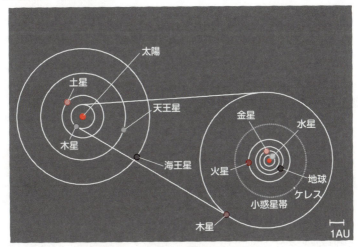

〔距離の単位〕**1 天文単位（1 AU）**（≒**1.5 億 km**）＝太陽―地球間の平均距離

太陽―海王星間の距離≒30 天文単位　太陽系の大きさ：1 万天文単位以上

海王星 $\xrightarrow{\text{外側}}$ （冥王星を代表とする）**太陽系外縁天体** $\xrightarrow{\text{外側}}$ オールトの雲

Point!

| 太陽系を構成する天体 |

太陽：自ら光り輝く星で恒星という。太陽系の全質量の 99.8％以上を占める。

惑星：太陽のまわりを公転する比較的大きな天体で，太陽から近い順に**水星，金星，地球，火星，木星，土星，天王星，海王星**の 8 個が存在する。

小天体：小惑星，太陽系外縁天体，彗星，衛星など。小惑星などの破片が地球に衝突して採取されたものが隕石である。

❷ 太陽系の誕生

星間物質：46 億年前，現在の太陽系の位置に漂っていたガスや塵^{ちり}
ガスの主成分：H と He　　星間物質の収縮^{しゅうしゅく} ⇨ 太陽系の誕生

❸ 太陽系の形成モデル

(1)　**原始太陽**の形成…星間物質の集合・収縮
　　原始太陽系星雲…残りの星間物質は回転運動をしながら平たい円盤^{えんばん}になった。

(2)　**微惑星**の形成…星間物質のうち，大きめの塵の衝突・合体
　　成分：(太陽に近い領域)おもに岩石と金属　(太陽から遠い領域)岩石，金属＋氷

(3)　**原始惑星**に成長…もとになる材料が多い ⇨ 太陽から離れた原始惑星は大きく
　　成長。

(4)　惑星の形成
　　・**地球型惑星**(水星，金星，地球，火星)…太陽に近い領域。岩石や金属を主成
　　　分とする。
　　・**木星型惑星**(木星，土星，天王星，海王星)…太陽から遠い領域。巨大なガス
　　　からなる惑星。

❹ 地球型惑星と木星型惑星

(1)　内部構造

　①　地球型惑星
　　地殻・マントル：
　　岩石
　　中心部：金属か
　　らなる核

　②　木星型惑星
　　表面：厚いガス
　　表面下：液体の
　　金属水素
　　中心部：岩石や
　　氷の核

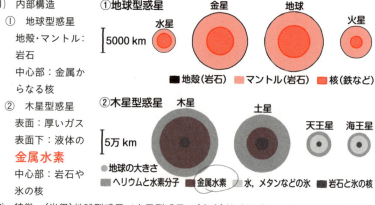

(2)　特徴…(半径)地球型惑星＜木星型惑星　(密度)地球型惑星＞木星型惑星

	地球型惑星	木星型惑星
惑星名	水星，金星，地球，火星	木星，土星，天王星，海王星
半径	小	大
質量	小	大
密度	大	小
自転周期	ゆっくり	速い
リング	なし	あり
衛星の数	ない，または少ない	多い

❺ 各惑星の特徴

(1)　地球型惑星…「岩石惑星」←おもに岩石や金属

- **水星**：太陽系の惑星の中で，**最も半径・質量が小さい**。表面には無数の
  クレーター(隕石の衝突の跡)が存在。長い**自転周期**, 大気がないこと ⇨ (昼間)
  約400℃以上　(夜間)約−180℃まで低下
- **金星**：地球とほぼ同じ大きさ。自転と公転の向きが逆←金星のみ
  厚い大気(約90気圧，おもに CO_2) ⇨ 温室効果 ⇨ (表面)最高約460℃
- **地球**：液体の水による海の存在←太陽系内で唯一
- **火星**：半径は地球の半分くらい。自転軸の傾き。

  大気の主成分：CO_2　大気圧：地球の $\dfrac{1}{100}$ 以下

  かつては液体の水(現在は発見されていない)が存在していたと考えられている。

(2)　木星型惑星…巨大ガス惑星(木星と土星)とも呼ばれる←おもに H と He の厚いガ
ス成分

- **木星**：太陽系で**最大の惑星**。表面には**大赤斑**(縞模様や大小の渦)，約
  −150℃。
  60個以上の衛星を有する。
- **土星**：太陽系で2番目に大きな惑星。平均密度は最小。
  リング(環)…望遠鏡で観察できる。(幅)約7万km　(厚さ)最大数百mほど
  氷を主体として，岩片などが多数集まったもの。
- **天王星・海王星**：ともに約−200℃以下。大きさ・構造ともに似ている。
  天王星…公転面に垂直な線に対して自転軸が大きく傾いている(横倒しで自転)。

❻ その他の小天体

(1)　**衛星**：惑星のまわりを公転している天体。木星型惑星は多数の衛星を有している。

- **月**：半径は地球の約 $\dfrac{1}{4}$，表面は岩石。

  クレーターが多い，白く明るく見える部分(高地)
  クレーターが少ない，暗く平坦な部分(海)

(2)　**小惑星**：おもに火星と木星の間を公転している岩石からなる小天体 ⇨ **小惑
星帯**の形成
　ケレス…直径約1000km，最大の小惑星。

(3)　**太陽系外縁天体**：海王星の外側を公転している小天体の総称。氷を主体とす
る。(現在)直径100km以上のものが1000個以上。
　＊**冥王星**…かつては惑星，現在では太陽系外縁天体に分類。

(4)　**彗星**：太陽のまわりを楕円軌道で公転する小天
体。氷を主体。
表面からガスや塵を放出 ⇨ コマ(明るい部分)の形成
太陽風 ⇨ 尾の発達

イオンの尾
コマ
塵の尾

(5)　**隕石**：おもに小惑星帯などにある固体物質が接
近・衝突したもの ⇨ 大きな隕石の衝突の跡には円

形のくぼ地（クレーター）

❼ 地球

(1) 太陽からの距離

ハビタブルゾーン：H_2O が液体の水として存在でき，宇宙空間で生命が存在するのに適した領域
・ハビタブルゾーン内…地球のみ
・ハビタブルゾーン外…水星・金星（表面温度が高く，H_2O →水蒸気），火星（温度が低く，H_2O →氷）

(2) ハビタブルゾーンにある天体
・地球…大気や水を表面にとどめておくのに十分な重力が生じている。
・月…大気や水を表面にとどめておくことができない。←質量・大きさが小，生じる重力も小。

Theme ⑯
太陽の特徴

≫ 太陽の構造と活動

❶ 太陽の概観

(1) 太陽の半径：地球の大きさの約 109 倍＝約 70 万 km
(2) 太陽の質量：地球の質量の約 33 万倍＝太陽系の全質量の 99.8％

❷ 太陽の組成

(1) **スペクトル**：可視光線をプリズムに通したときにできる色の光の帯
プリズムの性質…光の波長の違いによって異なる角度に光を屈折させる。
(2) 太陽大気の元素組成

フラウンホーファー線：太陽のスペクトルにおける暗線（吸収線）
特定の波長の暗線をもつ物質 ⇨ 太陽大気に含まれる元素の種類と存在量の分析
太陽大気はおもに H と He からできている。←この 2 つの元素で，宇宙の構成元素の 99％を占有。
化学組成：木星型惑星に近い。　平均密度：木星型惑星とほぼ同じ。

❸ 太陽の表面

(1) **光球**：可視光線で見ることができる太陽の表面（5800 K）。表面からだいたい 500 km くらいの薄い層。
周辺減光…円の中央部→周辺部にいくほど暗くなる。

　　粒状斑…対流のときにできる模様。寿命：5 〜 10 分
(2)　**黒点**：光球の表面に存在する黒い点。平均寿命：10 日くらい
　　　強い磁場 ⇨ 高温のガスを妨害 ⇨ 黒点の表面温度＜太陽の表面温度
　　　黒点の数多いとき ⇨ 活発な太陽活動　　少ないとき ⇨ 穏やかな太陽活動
(3)　**白斑**：光球より温度が 600 K ほど高温の明るい斑点
(4)　**彩層**：光球を取り巻く薄い大気の層。皆既日食のとき，赤く見える。
(5)　**コロナ**：彩層の外に広がる薄い大気の層
　　　100 万 K 以上の高温 ⇨ 太陽風となり放出(オーロラなどの原因)
(6)　**プロミネンス**：彩層の外側に張り出して見える，巨大な炎のようなもの。彩
　　　層から噴出するもの，コロナの中に浮いているもの。

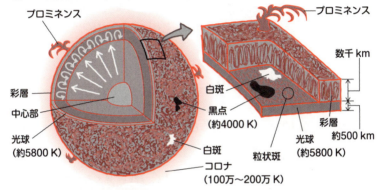

プロミネンス　　　　　　　　　　　　　　　　　　　　プロミネンス

彩層
中心部
光球
(約5800 K)　　　　　　　　　　　　　　　　　　　白斑　　　数千 km

白斑
黒点
(約4000 K)
粒状斑　　光球
(約5800 K)　　彩層
約500 km

コロナ
(100万〜200万 K)

❹ 太陽のエネルギー源

　核融合反応：4 個の水素原子核が 1 個の
　　ヘリウム原子核に変化。
　・新しい元素が生まれる。H → He
　・反応のとき質量が失われて，莫大なエネル
　　ギーに変化。

大量のエネルギー

核融合

H原子核　　　　　　He
　　　　　　　　　原子核

❺ 太陽の自転

(1)　自転の方向：東から西
(2)　自転の確認：黒点の動き
(3)　自転の周期
　・赤道付近ほど短く高緯度では長くなる。

❻ 太陽の活動と地球への影響

(1)　**フレア**：太陽表面での爆発現象 ⇨ 黒点上空の彩層やコロナが急激に明るくな
　　　る。太陽活動が活発なとき，Ⅹ線や太陽風が放出される。
(2)　**太陽風**：電気を帯びた粒子の一部が宇宙空間に流出したもの
　　　オーロラ：太陽風が高緯度の空気の粒子と衝突して発光する現象
(3)　**Ⅹ線**：フレアによって大量に放射。
　　　デリンジャー現象…Ⅹ線が熱圏に影響を与えて，通信障害などを引き起こす。

Theme ⑰
太陽の進化

>> 1. 恒星としての太陽

等級…(基準)こと座のベガ＝0 等星

→5 等小さいと 100 倍明るい（1 等小さいと約 2.5 倍明るい）

等級が小さいほど，星は明るくなる。

見かけの等級：地球から見た恒星の等級。その星本来の明るさもあるが，その星までの距離によって大きく変化する。

・太陽＝約−27 等（全天で最も明るい）　・おおいぬ座のシリウス＝約−1.4 等

>> 2. 太陽の誕生と進化

❶ 太陽の誕生

(1)　星間物質：**星間ガス**（恒星間に存在する H と He）＋**固体微粒子**（星間塵）

(2)　**星間雲**：星間物質が他より濃く集まっている領域

(3)　星間雲の種類

・**散光星雲**：近くの明るい星の放射を受けて，輝いて見えるもの

・**暗黒星雲**：星間雲によって恒星の光がさえぎられ，黒く見えるもの

(4)　**原始星**：星間雲の中で特に密度の高い部分が，自身の重力によって収縮して生まれた恒星。星が収縮 ⇨ 温度が上がる

原始太陽：原始星の段階の太陽

❷ 現在の太陽

(1)　**主系列星**の誕生…中心部の温度が約 1000 万 K 以上に上昇すると，中心部で H が He に変わる核融合反応が始まり，この核エネルギーで恒星が輝く。

恒星は，一生のうち最も長い期間を主系列星で過ごす。

(2)　太陽の寿命…およそ 100 億年間（現在：46 億年）　主系列星として，あと 50 〜 60 億年間

（過去）**星間雲** ⇨ （現在）**主系列星** ⇨ （未来）**赤色巨星**

❸ 太陽の将来と終末

(1)　**赤色巨星**への進化…中心部に He がたまる ⇨ （中心部）水素による核融合反応が起こらなくなる ⇨ 収縮 ⇨ （外側）水素核融合反応が起こる ⇨ 急激に膨張（表面温度↓明るさ↑）⇨ 赤色巨星

(2)　巨星中心部での核融合反応…中心部の温度が 1 億 K 以上に達すると，He が核融合反応を起こして C や O がつくられ，巨星はいったん収縮に転じる。やがて，ふたたび膨張する（現在の太陽の約 200 倍に）。

(3) **惑星状星雲**から**白色矮星**（はくしょくわいせい）へ

・赤色巨星の外層部のガスの流出 ⇨ 惑星状星雲

・最終的にガスが失われる ⇨ 白色矮星（高密度，核融合反応の停止）

Point!

│ 太陽の進化 │

星間雲→原始星→主系列星→赤色巨星→惑星状星雲
→白色矮星

Theme ⑱
銀河系と宇宙の構造

>> 銀河系と宇宙

❶ 銀河系

銀河：多数の恒星と星間物質からなる大集団

銀河系：太陽を含む銀河約 2000 億個の恒星・星間物質

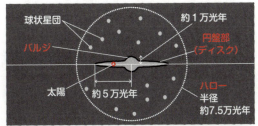

球状星団　　　　約1万光年
バルジ　　　　　円盤部（ディスク）
太陽　　　　　　ハロー半径約7.5万光年
約5万光年

❷ 銀河系の構造

(1) **バルジ**：銀河系中心部の膨らんでいる部分。**半径約1万光年，恒星や星間物質の密度が濃い。**

(2) **円盤部**（ディスク）：バルジから伸びた，**半径約5万光年の円盤状の領域。**銀河系内の大部分の恒星が分布し，**太陽を含む若い恒星が多い。**散開星団（若い星の集まり）や多くの星間物質が存在。太陽は銀河系の中心から約2万8千光年離れた位置。

天の川…無数の星の集まり。ガリレイによって発見。

(3) **ハロー**：円盤部を**半径約7.5万光年**の球状に取り巻く領域。**球状星団**（老齢（ろうれい）な星の集団）がまばらに存在。

❸ 銀河の分布

(1) 銀河：数十億〜約 1 兆個の恒星や星間物質などからなる，銀河系と同等の天体

(2) **局部銀河群**：太陽系のある銀河系を含む**銀河群**（数十個の銀河がつくるグループ）。**アンドロメダ銀河**（銀河系より大型）を中心とした直径約 600 万光年の領域に，40 個以上の銀河。

銀河団：数百〜数千もの銀河が集まったもの

超銀河団：数億光年もの大きさの，銀河群や銀河団が集まったもの

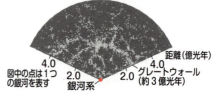

(3) 宇宙の大規模構造（宇宙全体をながめてみた姿）

・**泡構造**：銀河の分布が，密なところと非常に少ない空洞の部分があり，空洞が泡のように見える構造

❹ 膨張する宇宙

1929 年**ハッブル**（アメリカ）…ほぼすべての銀河は，わたしたちの住んでいる銀河系から離れていっている。⇨ 宇宙は膨張している。

ビッグバン…現在では，約 138 億年前には，火の玉のような状態で，それから膨張を続けてきたと考えられている。

❺ 宇宙の誕生

(1) ビッグバン…約 138 億年前，宇宙は小さな領域で超高温・高密度状態
ビッグバン ⇨ 急膨張 ⇨ 温度低下

(2) 物質の起源…**電子，陽子**（水素原子核＝陽子 1 個）や**中性子**の誕生
⇨ **ヘリウム原子核**＝陽子 2 個＋中性子 2 個
誕生したばかりの宇宙を構成する元素は，大多数の水素原子核と少量のヘリウム原子核で占められた。

(3) **宇宙の晴れ上がり**…宇宙誕生から約 38 万年後，温度が低下 ⇨ 水素，ヘリウム原子核＋電子 ⇨ **水素原子，ヘリウム原子** ⇨ 光をさえぎる電子がなくなった ⇨ 晴れ上がり

(4) 星の誕生：ビッグバンから 1 〜 3 億年後に，最初の星が誕生。

Chapter **5**　　地球の環境

Theme ⑲
地球環境問題

>> 1. 地球温暖化

❶ 地球温暖化の原因

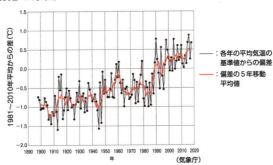

凡例
　― : 各年の平均気温の基準値からの偏差
　― : 偏差の5年移動平均値

・120年間におよそ0.7℃上昇。
・とくに1975年以降は，上昇の割合が大。

〔原因〕
　おもに**温室効果ガス**の増加
　温室効果ガス：**二酸化炭素，水蒸気，メタン，フロン**
　人間による**化石燃料**(石炭，石油，天然ガス)の消費の増大 ⇨ CO_2濃度の増加

❷ 地球温暖化の影響

⑴　高緯度地域の氷や雪の減少
　　太陽光の反射量の減少 ⇨ (地表)多くの太陽放射の吸収 ⇨ 気温の上昇
⑵　海水面の上昇
　　・海水温の上昇による海水の膨張
　　・氷河の融解による海水量の増加…気温の上昇 ⇨ 氷河の融解
　　　　　　　　　　　　　　　 ⇨ (陸→海)流れ込む流水量の増加 ⇨ 海水量の増加
⑶　異常気象の増加…大規模な台風の増加，局地的な豪雨，干ばつ，異常高温など。

❸ 地球温暖化の予測と抑制に向けての取り組み

　IPCC(気候変動に関する政府間パネル)：地球温暖化に対する，発表済の研究を評価している国際的な組織。政策決定のための判断材料を示す役割。

>> 2. オゾン層破壊

❶ オゾン層破壊の原因

成層圏のオゾン層の存在 ⇨ 太陽放射である紫外線の吸収

オゾンホール：オゾン濃度が極めて低い領域。南極上空では，春先オゾンホールが毎年出現する。

オゾン層を破壊するおもな物質＝フロン：C，H，F，Cl などの化合物。冷蔵庫やエアコンの冷却材，スプレー缶の噴射剤，電子機器や精密機械の洗浄剤などに使用。

フロン中に含まれている Cl の反応

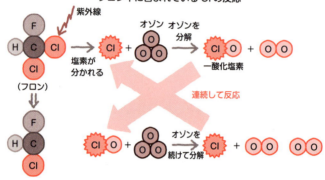

オゾンを破壊する Cl は，長期間大気中にとどまるため，フロンを全廃してもオゾン層はすぐに回復しない。

❷ オゾン層破壊の影響

地表に届く有害な紫外線量の増加 ⇨ 皮膚がんや白内障の高い発生率

❸ オゾン層保護の取り組み

すべての国でフロンなどの物質の規制

（1985 年）ウィーン条約　　（1987 年）モントリオール議定書

>> 3. いろいろな環境問題

❶ 酸性雨

(1) 雨水：大気中の CO_2 が溶け込んでいる→pH5.6 程度の弱酸性

酸性雨：pH5.6 以下になるような酸性度が高い雨

（原因）**硫黄酸化物**や**窒素酸化物**が雨粒に溶け込む。←化石燃料の消費

(2)　酸性雨の影響
　　　土壌や湖沼の酸性化 ⇨ 森林や魚介類への被害，建造物の腐食や溶解

(3)　酸性雨対策…硫黄酸化物や窒素酸化物の国際的な排出規制など

❷ 森林破壊と砂漠化

過剰な灌漑や放牧，森林の伐採 ⇨ 砂漠化の進行

・過剰な灌漑による地下水などの枯渇，灌漑地以外の場所の乾燥

・肥料や水の中に含まれていた塩類による塩害

❸ そのほかの環境問題

(1)　水の汚染…地球上の水の中で淡水は３％以下。人口増加や急激な都市化 ⇨ 排水の湖や河川への流入

(2)　大気の汚染…有害物質の排出 ⇨ 呼吸器などの障害

(3)　都市気候…人口の集中によるヒートアイランド現象，都市化による洪水の発生。

Theme ⑳
日本の天気

>> 日本付近の気団と高気圧

❶ 天気図

(1)　天気図の読みかた
　　・等圧線…細線：４ｈＰａ（ヘクトパスカル）ごと，太線：20 hPa ごと
　　・天気記号

天気記号					風向・風力	気圧配置
◯	◑	◎	●	⊗	🌬 風	⊕：高気圧
快晴	晴	曇	雨	雪	北東の風, 風力(矢羽根の数)3	⊖：低気圧

(2)　季節の高気圧：シベリア高気圧，オホーツク海高気圧，太平洋高気圧（小笠原高気圧）

(3)　気団：大陸や海洋にある，温度や湿度などの性質が同じ大きな空気のかたまり

気団名	高気圧名	活動時期	特徴
シベリア気団	シベリア高気圧	おもに冬	低温・乾燥
オホーツク海気団	オホーツク海高気圧	おもに梅雨	低温・湿潤
小笠原気団	太平洋高気圧 （小笠原高気圧）	おもに夏	高温・湿潤

48

❷ 季節風（モンスーン）：季節の変化によって異なる向きに吹く風

❸ 冬

(1) 気圧配置…**シベリア高気圧**が張り出し，**西高東低の冬型**になる。

（暖かい空気）上昇気流 ⇨ 低気圧 …（海）太平洋

（冷たい空気）下降気流 ⇨ 高気圧 …（陸）シベリア大陸

西高東低の冬型の気圧配置のとき，高気圧 → 低気圧，北西の季節風

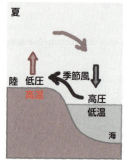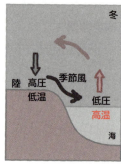

(2) 災害…日本海側：大雪

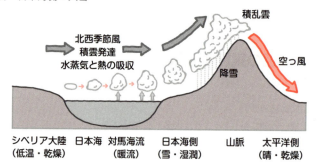

❹ 春

(1) 気圧配置…**温帯低気圧**と温暖で乾燥した性質をもつ**移動性高気圧**が，**偏西風**にのって日本列島に移動してくる。天気が 3〜5 日周期で変化。

(2) 災害…**黄砂**（中国やモンゴルの砂漠から発生する砂塵）や中国で排出された汚染物質が黄砂に付着した微粒子の飛来。

⑤ 梅雨（つゆ）

(1) 気圧配置…**オホーツク海高気圧**と**太平洋高気圧**
があり，前線が形成され，日本付近に停滞する状態になる。
　梅雨前線（ばいうぜんせん）：特に梅雨にできる停滞前線。長雨が続く。

(2) 災害…**集中豪雨**（ごうう）（狭い範囲に１時間に 50 mm を超える
ような大雨）
　⇨ 河川の急激な増水などによる洪水

⑥ 夏

(1) 気圧配置…太平洋高気圧の勢力が強まる ⇨ 梅雨前線が北へ押し上げられる
暖かく湿った空気をもつ太平洋高気圧に覆われて，蒸し暑い日が続く。

⑦ 秋

(1) 気圧配置…太平洋高気圧の勢力が弱まる ⇨ 大陸からの
高気圧が南下
日本列島付近に停滞前線である**秋雨前線**（あきさめぜんせん）が現れる。

(2) 災害…**台風** ⇨ 大雨による洪水，海水面が上昇して沿岸
部が浸水する高潮，強風による風害などの発生。

Theme ㉑
日本の自然災害

≫ 災害と防災

① 火山

(1) 火山の恩恵
　温泉，地熱発電（地下から高温の蒸気や熱水の取り出し）

(2) 火山災害
　・**火山灰**…風下に広範囲に降灰。呼吸器障害，精密機械の故障，農作物の被害。
　・**火山ガス**…二酸化硫黄，硫化水素，一酸化炭素などの有毒ガスによる健康被害。
　大規模噴火 ⇨ 火山灰・火山ガスが成層圏まで到達 ⇨ 太陽光をさえぎって，地表
　に届く太陽放射を減少 ⇨ 世界的な気温低下
　・**溶岩流**…大量の溶岩の流出による家屋の埋没（まいぼつ）や火災の発生。←粘性（ねんせい）が低く，大
　量のマグマを発生させる玄武岩質マグマの火山…ハワイ島の噴火
　・**火砕流**（かさいりゅう）：高温の火山ガスと火山砕屑物（かざんさいせつぶつ）が混じり合い，高速で山腹を流れ下る現
　象。温度が数百℃，速度が時速数百 km に達して，発生後の避難が困難。

- ・**火山泥流**：火山砕屑物に雪解けなどによって水が加わり，谷や川に沿って高速で流れ下る現象。家屋や農地の埋没。

> **Point!**
>
> | **火山災害** |
>
> **火山灰，火山ガス，溶岩流，火砕流，火山泥流**

(3) 観測と防災
- ・観測…噴火の可能性のある火山＝111 →（3割の火山）常時，活動状況の監視（地震計，GPS，傾斜計，望遠カメラなど），噴火の予測。
- ・防災…**ハザードマップ**の作成
  - ハザードマップ：自然災害による被害を予測し，被害範囲を地形図に表したもの。
    （火山以外）洪水，高潮などの気象災害，土砂災害，津波などの地震災害の危険度を予測。

❷ 地震とその災害

(1) 地震動による災害
- ・表層の地盤の状態：やわらかな地盤では，地震動が増幅されて震度が大きくなる。
- ・急斜面を切り開いた土地：崖崩れの発生

(2) 液状化
- ・**液状化現象**：地震の揺れによって地盤全体が液体のような状態になる現象。低地や埋立地などで発生しやすい。
- ・メカニズム…地面の揺れ ⇨ 砂の粒子どうしが離れる ⇨ 液状化（⇨ 地面に水が噴出）

(3) **津波**による災害
- ・津波…断層運動によって海底が隆起または沈降 ⇨ 海水の移動 ⇨ 大きな波
- ・津波の被害…湾奥が狭まった海岸では，大きな被害。
  （水深が浅いところ）急に波高が大きくなる。
  ⇨ 速やかに高台，強固な建造物の最上階に避難。
  津波は，はるか遠くからも到達…1960 年チリ地震では，およそ1日後に日本の太平洋岸へ達した。

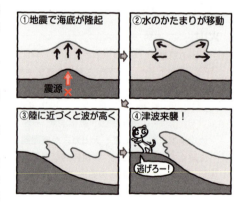

⑷ 地震の予測

・プレート境界地震…**駿河トラフ**から**南海トラフ**に沿って，**東海地震**，**東南海地震**，**南海地震**が，100～200年の周期で繰り返し発生し，震源域が想定されている。

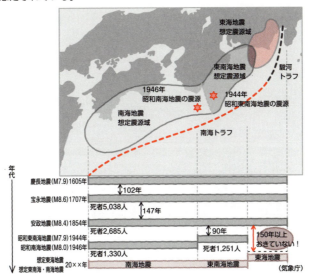

・内陸地殻内地震…**活断層**が動くことによって発生。プレート境界地震よりも断層の位置を正確に把握。

⑸ 地震防災

・東海・東南海・南海地震…今後30年の発生確率，各地の震度，津波の高さなどを予想。

・**緊急地震速報**…**初期微動**のあとの大きな揺れの**主要動**が被害を引き起こすので，その到着前に，地震が来ることを警告するシステム。

（地震の発生直後）震源に近い地震計でとらえた**P波**の観測データの解析

⇨ 震源やマグニチュードの推定 ⇨ 各地での**S波**の到着時刻や震度の予測

＊緊急地震速報は災害を減らす効果はあるが，震源に近い地域では，S波が先に到着してしまい，間に合わないこともある。

❸ 土砂災害

⑴ **崖崩れ**：急斜面で，土砂や岩石が一気に崩れ落ちる現象。

⑵ **地すべり**：土砂の移動の速さが遅く（数cm～数m/日），広範囲で多量の土砂が流れる。

⑶ **土石流**：岩石や土砂を含んだ水が，高速で谷や川に沿って流れ下る現象。